T0131822

essentials

essentials liefern aktuelles Wissen in konzentrierter Form. Die Essenz dessen, worauf es als „State-of-the-Art" in der gegenwärtigen Fachdiskussion oder in der Praxis ankommt. *essentials* informieren schnell, unkompliziert und verständlich

- als Einführung in ein aktuelles Thema aus Ihrem Fachgebiet
- als Einstieg in ein für Sie noch unbekanntes Themenfeld
- als Einblick, um zum Thema mitreden zu können

Die Bücher in elektronischer und gedruckter Form bringen das Fachwissen von Springerautor*innen kompakt zur Darstellung. Sie sind besonders für die Nutzung als eBook auf Tablet-PCs, eBook-Readern und Smartphones geeignet. *essentials* sind Wissensbausteine aus den Wirtschafts-, Sozial- und Geisteswissenschaften, aus Technik und Naturwissenschaften sowie aus Medizin, Psychologie und Gesundheitsberufen. Von renommierten Autor*innen aller Springer-Verlagsmarken.

Weitere Bände in der Reihe http://www.springer.com/series/13088

Mario H. Kraus

Notfallvorsorge für die Wohnungswirtschaft

Risikoanalyse und Krisenprävention

Mario H. Kraus
Berlin, Deutschland

ISSN 2197-6708   ISSN 2197-6716   (electronic)
essentials
ISBN 978-3-658-35468-8   ISBN 978-3-658-35469-5   (eBook)
https://doi.org/10.1007/978-3-658-35469-5

Die Deutsche Nationalbibliothek verzeichnet diese Publikation in der Deutschen Nationalbiblio-
grafie; detaillierte bibliografische Daten sind im Internet über http://dnb.d-nb.de abrufbar.

Planung/Lektorat: Karina Danulat
Springer Vieweg ist ein Imprint der eingetragenen Gesellschaft Springer Fachmedien Wiesbaden
GmbH und ist ein Teil von Springer Nature.
Die Anschrift der Gesellschaft ist: Abraham-Lincoln-Str. 46, 65189 Wiesbaden, Germany

Vorwort

Unternehmen der Wohnungswirtschaft sind von allen Gefährdungen betroffen, die auf Siedlungsräume im Allgemeinen wirken. Notfallvorsorge ist daher erforderlich und immer umfassender auch gesetzlich vorgeschrieben. In Unternehmen und Behörden, aber auch in weiten Krisen der Bevölkerung, entstand aus Erfahrungen der letzten Jahre durchaus das Bewusstsein, dass im Alltag plötzliche, großräumige Ereignisse jegliche Planung zunichte machen und Leben gefährden können. Die Aufmerksamkeit richtete sich auf Anschläge, nunmehr Pandemien und Auswirkungen folgenreicher Wetterereignisse; in Fachkreisen ist man besorgt über mögliche Folgen großräumiger Stromausfälle in immer vernetzteren Siedlungsräume. Alles sind wichtige Gründe, um branchenübergreifend Störungen und Mängel vorauszudenken.

Dieser Leitfaden ist eine Zusammenstellung von Begrifflichkeiten, Maßnahmen und Arbeitsgrundlagen; was davon wichtig und umsetzbar ist, muss im einzelnen Unternehmen entschieden werden. Der Leitfaden entbindet nicht von der Verpflichtung, gesetzliche Vorschriften umzusetzen, und ersetzt keine Rechtsberatung. Er soll Leitungs- und Fachkräfte in Wohnungsunternehmen dazu anregen, sich Kenntnisse in Sachen Notfallvorsorge für ihren jeweiligen Verantwortungsbereich anzueignen. Hinweise zur Ergänzung sind willkommen.

Jeder Abschnitt beginnt mit einem Zitat von Georg Christoph Lichtenberg (1742–1799). Der Göttinger Physik-Professor und Autor verstand schon vor 250 Jahren die Gesellschaft in einem sehr modernen Sinn als Vielfalt. Er bekannte sich dazu, dass man nicht alles in der Welt wissen und berechnen, aber mit Vernunft, Bildung und Herzenswärme viele Herausforderungen bewältigen kann.

Ich danke der Springer Gruppe, insbesondere Karina Danulat, Springer Vieweg Wiesbaden, sowie Madhipriya Kumaran und Prasenjit Das, für die Möglichkeit,

ein weiteres Vorhaben verwirklichen zu können. Befasst hatte ich mich mit diesen
Fragen schon vor der Corona-Pandemie; nun sind sie umso wichtiger.

Berlin   Mario H. Kraus
im Sommer 2021

Was Sie in diesem *essential* finden können

… einen Überblick über Stör- und Notfälle, die das Tagesgeschäft von Wohnungsunternehmen beeinträchtigen und Liegenschaften gefährden können,

… einen ganzheitlichen Ansatz zur Erfassung, Abschätzung und Vorbeugung von Schadwirkungen sowie

… eine Sammlung von Arbeitshilfen und Hinweisen für die Notfallvorsorge in Ihrem Unternehmen.

Inhaltsverzeichnis

Über der Autor

Dr. Mario H. Kraus (*1973 Berlin), seit 2002 Mediator und Publizist (Fachgebiet Wohnungswirtschaft/Stadtentwicklung, *mediation.kraus@berlin.de*), Dissertation bei dem Stadtforscher Prof. Dr. Hartmut Häußermann (1943–2011) an der Humboldt-Universität zu Berlin 2009, betreute ein Berliner landeseigenes Wohnungsunternehmen, unterrichtete Mediation an der Humboldt-Universität zu Berlin sowie der Universität Rostock, veröffentlichte Beiträge in Fachzeitschriften und mehrere Fachbücher und ist heute Mitglied des Aufsichtsrats der größten Berliner Wohnungsgenossenschaft.

Abbildungsverzeichnis

Einleitung

In einer Verfassung der Welt, wie die jetzige ist, gehört
viel Kraft dazu, nur immer im Wesentlichen zu wachsen,
sehr viel Ballast, um nicht, wenn alles schwankt, auch mit
zu schwanken. – G. C. Lichtenberg

Um das Jahr 2050 beginnt ein neuer Abschnitt der Menschheitsgeschichte: Auf der Erde leben dann etwa 9½ Milliarden Menschen, wohl zu zwei Dritteln in städtischen Siedlungsräumen; danach könnte sich erstmals seit Jahrtausenden die Weltbevölkerung verringern (UN/DESA 2018, 2019; Vollset et al. 2020). Begleitet wird dies durch eine längst begonnene Verlagerung wirtschaftlicher Macht nach Asien. In den kommenden Jahrzehnten wird die Entwicklung der Weltgesellschaft somit weiterhin durch Bevölkerungswachstum und Klimawandel geprägt. Diese Entwicklungen bewirken absehbar Massenzuwanderungen in Süd-Nord-Richtung sowie Wachstum und Verdichtung bereits bestehender Ballungsräume; sie beeinflussen zunehmend das Leben auch in Siedlungsgebieten „westlicher" Länder (Gu 2018; Otto et al. 2019; Xu et al. 2019).

Künftige Handlungsspielräume müssen schon heute bedacht werden: Dreißig Jahre sind keine lange Zeit – erst vor dreißig Jahren endete der Kalte Krieg. Auch Deutschland wandelt sich, die Wohnungswirtschaft ist mitbetroffen. Gesellschaftlichen Umbrüchen musste sie sich immer stellen; stets ging es um mehr als das Verhältnis von Angebot und Nachfrage. In dicht bebauten und stark vernetzten Siedlungsräumen heutiger Massengesellschaften wächst die Wahrscheinlichkeit gefährdender und schädlicher Einwirkungen auf Wohnungsunternehmen, deren Bestände und die darin lebenden Menschen. Gefährdungen entstehen nicht nur durch Terrorismus und Kriminalität, sondern (weit wahrscheinlicher) durch

M. H. Kraus, *Notfallvorsorge für die Wohnungswirtschaft,* essentials, https://doi.org/10.1007/978-3-658-35469-5_1

Ausfälle in Strom- und Wassernetzen, Störfälle in Kraftwerken und Betrieben, Großbrände oder die Ausbreitung hochgradig ansteckender Krankheiten. Aufmerksamkeit ist zu widmen

- den vom Klimawandel verursachten, gehäuft auftretenden, folgenschweren Wetterereignissen (Sturm, Starkregen, Hagel, Überschwemmung/Hochwasser, Hitze/Dürre),
- der Versorgungssicherheit in Siedlungsgebieten (Wasser, Strom, Wärme, Lebensmittel),
- der Vernetzung von Behörden, Unternehmen, Haushalten mit störanfälliger *Technologie/Infrastruktur,*
- den Unterschieden der Lebensbedingungen zwischen Stadt und Land oder
- dem Wandel der Bevölkerung, auch durch Zuwanderung, welcher Brüche zwischen Gruppen der Gesellschaft teils verstärkt, teils neu erzeugt.

Ein Bewusstsein für Gefährdungen wuchs in den letzten 20 Jahren an Einzelereignissen – Anschläge, Hochwasser, Stromausfälle, Großbrände, Corona-Pandemie. In Fachkreisen geschah viel: Das Forschungsforum Öffentliche Sicherheit entstand; Forschungsvorhaben erbrachten zahlreiche Veröffentlichungen und Handlungsanleitungen für Unternehmen. Mehrere Hochschulen bieten Studiengänge für Bevölkerungsschutz, Krisenprävention oder verwandte Fachgebiete. Das Bundesamt für Bevölkerungsschutz und Katastrophenhilfe wurde neu aufgestellt. Alle zwei Jahre wird die länder- und fachgebietsübergreifende Notfallübung LÜKEX durchgeführt.

Ein Grünbuch Öffentliche Sicherheit erschien, erstmals 2008 mit den Schwerpunkten Stromausfall, Terrorismus/Organisierte Kriminalität, Virus-Pandemie, zuletzt 2020 mit den Schwerpunkten Hitze/Dürre, Organisierte Kriminalität, Virus-Pandemie (Reichenbach et al. 2008; Hahn et al. 2020). Dem Bundestag wird von der Bundesregierung der „Bericht über die Risikoanalyse im Bevölkerungsschutz" vorgelegt: Schwerpunkte waren 2012 Schmelzhochwasser/Virus-Pandemie, 2013 Wintersturm, 2014 Sturmflut, 2015 Freisetzung von Schadstoffen aus Kernkraftwerken, 2016 Gefahrstoffe, 2017 Bevölkerungsschutz, 2018 Dürre (Deutscher Bundestag 2013a, b; 2014, 2016a, b; 2019a, b).

Doch die Corona-Pandemie 2020/21 oder das Hochwasser 2021 zeigten, dass es hierzulande an der „Letzten Meile" mangelt – der Übertragung des Wissens von den Fachbehörden in die Wirtschaft und die Bevölkerung,der rechtzeitigen Warnung. Die Einsicht, dass man nicht erst aus Schaden klug werden darf, muss erheblich wachsen (Lorenz 2010; Steinmüller et al. 2012). Gewiss ist es nicht angenehm, sich damit zu befassen. Doch wer sich erst in der Krise mit der Krise beschäftigt, handelt unter Stress und macht Fehler; Vorbereitung und Übung bringen vorab hilfreiche Routine. Bedarf beginnt im Alltag: Wie viele Menschen in diesem Land haben Maßnahmen für den Fall plötzlicher Handlungsunfähigkeit (Krankheit, Unfall) rechtskräftig verschriftlicht? Wie viele verfügen über anwendungsbereite Kenntnisse in Erster Hilfe? Und wie viele lernten erst durch die Corona-Pandemie, dass es sinnvoll ist, Vorräte im Haushalt zu haben?

In englischsprachigen Fachveröffentlichungen erscheinen zwei Begriffe von Sicherheit (*Safety* und *Security*); nach verschiedenen Ansätzen bezieht sich.

- der erste auf die Abwehr von Gefahren durch Störfälle im Tagesgeschäft, beinhaltend also den Arbeitsschutz im weitesten Sinn, der zweite auf gesellschaftliche (überwiegend staatliche) Maßnahmen in großräumigen, schwerwiegende Bedrohungslagen (Katastrophen, Krisen) oder
- der erste auf Gefährdungen der Umwelt durch ein Unternehmen und der zweite auf Gefährdungen dieses Unternehmens durch die Umwelt oder
- der erste auf zufällige/fahrlässige und der zweite auf absichtliche/vorsätzliche Schädigungen (Bieder und Pettersen Gould 2020).

Alle drei Ansätze sind lehrreich; wie sie ganzheitlich umgesetzt werden können, ist am Beispiel Japans (Massengesellschaft in einem Erdbebengebiet!) gut nachzuvollziehen (Abe et al. 2020). Gefahren für die Menschheit, ihre Lebensgrundlagen und ihre Siedlungsräume werden auch in der Forschung zur Bevölkerungs- und Stadtentwicklung zunehmend fachübergreifend behandelt (Gerhold und Brandes 2021; Steinmüller und Gerhold 2021); siehe auch die *Global Risks Reports* des *World Economic Forum* (WEF 2020, 2021).

Dieser Leitfaden soll Führungs- und Fachkräfte in der Wohnungswirtschaft befähigen, die Aufstellung ihres Unternehmens in Sachen Notfallvorsorge zu überprüfen und anzupassen – im Rahmen der jeweils geltenden rechtlichen Vorgaben, aber auch umsichtig und sinnstiftend darüber hinaus. Dies gilt für Unternehmen aller Größen und Rechtsformen. Es geht um Bedrohungen und Gefährdungen, die von außen auf Wohnungsunternehmen, ihre Bestände und dort lebenden Menschen einwirken können.

Alles in Allem ist die Immobilienbranche für die Zukunft gewiss besser aufgestellt als so manche Dienstleistungs- oder Technologie-Branche; ihre Geschäftsfelder sind weniger erklärungsbedürftig: Gewohnt wird immer, in guten und nicht ganz so guten Zeiten, und zwar auch zukünftig nicht „im Netz", sondern in gegenständlich vorhandenen Häusern. Sind diese vorhanden, ergeben sich daraus ganz klar Rechte und Pflichten, Arbeitsvorgänge und Planungsrahmen; die wachsende rechtliche Regelungsdichte tut ein Übriges. Gefahren, Mängel und

Störungen im Voraus zu bedenken, ist in diesem Geschäft nichts Neues – es geht
aber zunehmend darum, dies umfassend zu tun.

Wohnungswirtschaft und Siedlungsentwicklung

2

> *Eine Wirkung völlig zu hindern, dazu gehört eine Kraft,*
> *die der Ursache von jener gleich ist; aber ihr eine andere*
> *Richtung zu geben, bedarf es öfter nur einer Kleinigkeit.*
> *– G. C. Lichtenberg*

Eine Stadt ist ein „Durchflussgleichgewicht", ein Sozialsystem hoher Komplexität, das sich ständig verändert (Abb. 2.1); viele Abläufe sind zwar rechtlich geregelt, Stadt gelingt aber nur im täglichen, friedlichen, geplanten Zusammenwirken Vieler. Gerade in Massengesellschaften sind allerdings Stör- und Notfälle, Fehlsteuerungen und Regelverstöße jederzeit möglich – ob vorsätzlich herbeigeführt oder zufällig ausgelöst. Für jedes Ereignis, jeden Zustand, jeden Sachverhalt, ob geplant oder nicht geplant, gibt es Ursache-Wirkungs-Beziehungen. Diese sind aber zum Zeitpunkt eines Ereignisses nicht immer klar erkennbar, zumal in modernen Gesellschaften Behörden, Unternehmen, Haushalte vielfältig miteinander vernetzt sind. Komplexität heißt, dass Einzelne im Ernstfall die Lage oft nicht überschauen – aufgrund von Reizüberflutung oder mangelndem Bewusstsein für Gefahren. Umso wichtiger ist es, Schäden vorzubeugen. Schädigender Systemdynamik kann durch ganzheitliches Denken und Handeln begegnet werden, aus dem sich einzelne Maßnahmen ergeben, um die Gefahren zu beseitigen oder zu mindern.

Die Wohnungswirtschaft ist in Deutschland, wie das Gesundheitswesen oder die Rechtspflege, ein wichtiges gesellschaftliches Funktionssystem. Hauptzweck ist die Wohnungsversorgung; so beruhen etwa 22,5 der 41,3 Mio. Haushalte auf Mietverhältnissen. Zudem sind Gebäude und Grundstücke die wichtigsten Anlageformen; Gebäude (9,4 Billionen Euro) sowie Grund und Boden (Billionen

M. H. Kraus, *Notfallvorsorge für die Wohnungswirtschaft,* essentials,
https://doi.org/10.1007/978-3-658-35469-5_2

EUR) bilden 88 % aller Wertanlagen (BBSR 2013; BMI 2021). Zudem hinaus arbeiten in der – mit zahlreichen Wirtschaftskreisläufen verbundenen – Branche Hunderttausende. Gebäude benötigen allerdings auch 35–40 % der jährlich verfügbaren Energie, und Bautätigkeit beansprucht erhebliche Ressourcen. Zudem sind Wohnungswirtschaft und Stadtentwicklung eng miteinander verbunden. Und hier zeigen sich zwei wesentliche Spannungsfelder:

Nachverdichtung Sie wird in zahlreichen größeren und mittleren Städten Deutschlands betrieben und ist grundsätzlich sinnvoll, um eine „Stadt der kurzen Wege" zu ermöglichen, damit Zersiedlung und Flächenverbrauch einzuschränken, und umfasst beispielsweise die Bebauung ehemaliger Gewerbe- und Verkehrsflächen, aber auch Blockrand- und Lückenschließungen, Aufstockungen und Anbauten. Damit verbunden sind im Regelfall die Schaffung neuer Verkehrswege und Versorgungseinrichtungen sowie die Entstehung von Arbeitsplätzen, aber auch Steigerungen der Lebenshaltungskosten und Veränderungen in der Zusammensetzung der Bevölkerung. Solche Entwicklungen erhöhen die Besiedlungs- und Nutzungsdichte eines Siedlungsgebiets – damit dessen Störanfälligkeit und Verletzlichkeit. Hier wirken verschiedene Zusammenhänge zwischen der Verdichtung von Bebauung und Infrastruktur, einer allgemeinen Verstärkung des wirtschaftlichen Wettbewerbs (einschließlich Konzentrationsprozesse der Immobilienbranche), bestehenden Konfliktpotentialen in der Gesellschaft, aber auch einer Belastung des städtischen Mikroklimas.

Vernetzung Moderne Gesellschaften entwickeln ausgeklügelte Infrastruktur und werden seit Jahrzehnten immer abhängiger von *Information/Communication Technologies* ICT – damit von der Stromversorgung. Dies betrifft Unternehmen, Behörden und Haushalte. So sind die heutigen *Smart Home*-Lösungen wegen des Wartungsaufwandes und Energiebedarfs, der Kurzlebigkeit von Überwachungs- und Steuerungsanlagen, aber auch wegen der Gefahr schädigender Zugriffe erst der Beginn einer Entwicklung. Branchenstudien zeigen, dass ICT in entwickelten Ländern – heutige Werte fortgeschrieben – 2030–2050 die Hälfte der jährlichen Strommenge beanspruchen könnten (Andrae und Endler 2015; Cisco Systems 2020; Reinsel et al. 2018). In Deutschland ist die künftige Stromversorgung noch nicht gesichert, auch gibt es vielschichtige Sicherheitsbedürfnisse. So sind ICT schon heute Ziele von Terrorismus und Organisierter Kriminalität (Stichworte *Spionage, Sabotage, Cyber Crime*). Auch würde ein mehrtägiger, großräumiger Stromausfall in einer Stadt Leben, Gesundheit und Eigentum der Bevölkerung ebenso wie Werte von Unternehmen erheblich gefährden (Birkmann et al. 2010; Schulz et al. 2018; BBK 2019a).

Der Klimawandel ist ein wesentlicher Grund für wachsende Unsicherheit; die zunehmende Beeinflussung von Siedlungsräumen ist nicht mehr zu bestreiten (UBA 2019). Sommerliche Wärmebelastungen erhöhen die Wahrscheinlichkeit von Schäden und Störfällen an Gebäuden, Anlagen und Verkehrseinrichtungen sowie von Ausfällen in der Strom- und Wasserversorgung. Baulich bedingter Wärmestau lässt Innenstädte nachts weniger Wärme verlieren als den Stadtrand, befördert durch verglaste oder dunkle Fassaden sowie fehlendes oder geschädigtes Stadtgrün. Sanierungs- und Bauvorhaben verlängern und verteuern sich durch hitzebedingte Zwangspausen ebenso wie durch Engpässe bei Roh- und Baustoffen. Die Zahl amtlicher „heißer Tage" mit Höchstwerten von > 30°C steigt auch in Deutschland, wo vermehrt mit sommerlicher Wasserknappheit in Städten zu rechnen ist – begleitet von hoher Waldbrandgefahr im Umland. Hitzestress bewirkt bereits weltweit Leistungsminderungen bei Beschäftigten und ganz allgemein Übersterblichkeit (Sherwood und Huber 2010; Im et al. 2017; Obradovich et al. 2018; Lee et al. 2020; Vicedo-Cabrera et al. 2021; Zhao et al. 2021).

Deutlich werden Folgen schwerwiegender Wetterereignisse (Sturm, Gewitter/Blitzschlag, Hagel, Starkregen mit nachfolgenden Überschwemmungen, Hitze/Dürre mit Waldbränden). Sie verursachen auch immer kostspieligere Schäden an Gebäuden und Nutzflächen. Der Gesamtverband der Versicherungswirtschaft warnt seit Jahren vor der Häufung von Schadensfällen. Forschungsvorhaben zielen unter anderem darauf, Gefährdungen nicht nur orts-, sondern wohnlagenaufgelöst darzustellen (BBSR 2013). Besonders gefährlich sind Rückkopplungen, die aus einzelnen Störfällen einen großräumigen Notfall entstehen lassen. So kann die Überlastung von Kraftwerken in einer Hitzewelle zu Stromausfällen führen, die wiederum die Wasserversorgung beeinträchtigen. Siedlungen sind durch großräumige Waldbrände gefährdet, ebenso durch Starkregen mit Sturzfluten und Überschwemmungen (BBK 2013; Goderbauer-Marchner et al. 2015); das haben die letzten 3–4 Jahre in Deutschland deutlich gezeigt. Auch die Lebensmittelversorgung muss weltweit dem Klimawandel angepasst werden; sie kann durch Krisen beeinträchtigt werden (Nelson et al. 2016; Gizewski 2019, 2011; Gerhold et al. 2019).

Weltweit beanspruchen städtische Siedlungsräume heute zwei Drittel bis drei Viertel der jährlich verfügbaren Energie – und haben einen ebenso hohen Anteil am CO_2-Ausstoß (Güneralp et al. 2017). Fast alle Großstädte gelten als durch den Klimawandel gefährdet (World Bank Group 2015; Gu 2019). Die Aufgabe geschädigter Siedlungsräume nach Erdbeben, Überschwemmungen oder Wirtschaftskrisen selbst in „westlichen" Ländern ist bereits Forschungsgegenstand (Mechler et al. 2019; Karácsonyi et al. 2021): Es geht dabei um das

Verhältnis von Störanfälligkeit/Verletzbarkeit *(Vulnerabilität)* und Widerstandsfähigkeit/Beständigkeit *(Resilienz)* (Felgentreff et al. 2012; Christmann et al. 2016; Karutz 2016; Hamstead et al. 2021).

Gefährdungen durch Terror oder Organisierte Kriminalität werden derzeit wegen fehlender Ereignisse kaum wahrgenommen; die Corona-Pandemie verschaffte vielerorts die Erfahrung eines geringen Aufkommens an Straftaten im öffentlichen Raum. Doch die Aufmerksamkeit wird sich bald wieder verlagern: Eine Überwachung öffentlicher Räume in Städten wurde in Deutschland schon vor 15–20 Jahren debattiert, vor allem hinsichtlich gesellschaftlicher Auswirkungen (Hempel und Metelmann 2005; Klauser 2006; Eick et al. 2007; Kammerer 2008); mittlerweile ist die westliche „Sicherheits- und Angstgesellschaft" ein gängiger Forschungsgegenstand (Eisch-Angus 2018; v. Lampe und Knickmeier 2018; Puschke und Singelnstein 2018; Jäger et al. 2015, 2018, 2021). Die Gewöhnung ganzer Altersgruppen an bequeme Vernetzung und wohlfahrtsstaatliche Absicherung in allen Lebensbereichen ist auch eine Gewöhnung an Überwachung; Spaltung und Entfremdung in Gesellschaften aber haben zu allen Zeiten Fragen nach „Sicherheit und Ordnung" laut werden lassen.

Darüber hinaus ist die Gesundheit von Stadtmenschen durch das Lebensumfeld belastet: Bereits um das Jahr 1900 war bekannt, dass seelische Störungen und Erkrankungen in Großstädten häufiger auftreten als auf dem Lande; dies ist immer noch so und scheint sich zu verstärken (Zammit et al. 2010; Gruebner et al. 2017). Die Ursachen sind vielfältig; Druck in der Arbeitswelt, Spaltung der Bevölkerung, Stress durch Hektik und Lärm, Vereinsamung und Armut gehören dazu. Schon vor der Corona-Pandemie verwiesen deutsche Krankenkassen auf alarmierende Fallzahlen – über Alters- und Einkommensgrenzen hinweg.

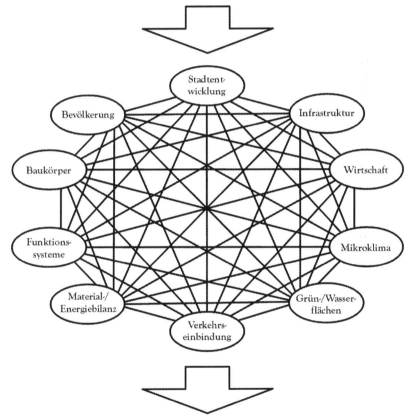

Menschen (Geborene, Zuziehende + Pendelnde, Reisende)
Information, Geld
Waren, Rohstoffe, Brennstoffe (Kohle, Öl, Gas)
Luft
Wasser (Grundwasser, Gewässer, Niederschläge)
Energie (Sonnenlicht, Strom)

Stadtent-
wicklung

Bevölkerung

Infrastruktur

Baukörper

Wirtschaft

Funktions-
systeme

Mikroklima

Material-/
Energiebilanz

Grün-/Wasser-
flächen

Verkehrs-
einbindung

Menschen (Gestorbene, Fortziehende + Pendelnde, Reisende)
Information, Geld
Waren
Abfall, Abluft, Abgase, Abwasser, Abwärme

Abb. 2.1   Stadt als „Durchflussgleichgewicht". (nach Kraus 2021)

Begrifflichkeiten

3

*Die größten Dinge in der Welt werden durch andere
zuwege gebracht, die wir nicht achten, kleine Ursachen,
die wir übersehen und die sich endlich häufen. – G. C.
Lichtenberg*

Notfallvorsorge umfasst alle Maßnahmen zur Abwendung und Minderung von
Gefährdungen für das Unternehmen und dient mehreren Zwecken wie

- der Erfüllung einschlägiger rechtlicher Vorschriften,
- der Begrenzung von Haftungsfolgen im Schadensfall einschließlich Folgeschäden,
- dem Schutz der Wohnungsbestände, damit der Unternehmenswerte und des Marktanteils,
- dem Schutz der Menschen, die in den Wohnungen leben,
- dem Schutz der betreffenden Siedlungsgebiete,
- dem Schutz der Außenwirkung,
- dem Erhalt der Handlungsfähigkeit im Ernstfall sowie
- der Prüfung und Verbesserung betrieblicher Abläufe.

Einerseits erfordert dies eine ganzheitliche Betrachtung des Unternehmens und
seiner Tätigkeit, andererseits müssen die gewählten Ansätze und Maßnahmen
immer wieder überprüft werden, insbesondere.

- nach einer Häufung von Störfällen oder einem Notfall,
- anlässlich der Änderung einschlägiger Rechtsvorschriften sowie

- im unternehmenseigenen Turnus (etwa geschäftsjährlich), sinnvollerweise mit dem gesamten *Qualitätssystem*.

Die folgenden Begrifflichkeiten werden vorrangig so benutzt wie in einschlägigen Rechtsgrundlagen oder wissenschaftlichen Veröffentlichungen. Nicht alle sind jedoch klar geregelt oder abgegrenzt.

Risiko (altital. *risico*, Gefahr, Wagnis)
ist die Wahrscheinlichkeit eines nicht erwünschten, schädigenden Ereignisses (Zukunft: Wahrscheinlichkeit $0\% < P < 100\%$), dessen Eintritt bestimmte Schutzziele bedrohen oder verletzten würde (Gegenwart: $P = 100\%$). Als Gefahr gilt die grundsätzliche Möglichkeit, dass bestimmte Stoffe, Handlungen oder sonstige Einwirkungen Schäden hervorrufen können; kann die Gefahr sich verwirklichen, handelt es sich um ein Risiko (im Englischen wird unterschieden zwischen *possibility* und *probability*). Anders ausgedrückt müssen im Einzelfall örtliche, zeitliche, vertragliche oder sonstige Zusammenhänge wirken, die einer Gefahr Wirkrichtung und Folgerichtigkeit geben. Hier ergeben sich Fragen nach Nah- und Fernwirkung oder der An- und Abwesenheit Beteiligter: Klimawandel, Pandemien oder Angriffe im Netz *(Cyber Attacks)* wirken über große Entfernungen und weite Räume; Brände oder Einbrüche sind Beispiele für nahe Einwirkungen.

Der Zeitpunkt des Eintritts und das Ausmaß der Folgen schädigender Ereignisse sind nicht sicher (sonst wäre die Vorbeugung recht einfach). Anhand jeweils verfügbarer Angaben wird üblicherweise die Eintrittswahrscheinlichkeit mit der zu erwartenden Schadenssumme verrechnet – bezogen auf eine Zeiteinheit, etwa das Wirtschaftsjahr. Eine geringe Eintrittswahrscheinlichkeit kann wohlgemerkt eine hohe Schadenssumme nicht ausgleichen: Gefahren „wegzurechnen" ist alles andere als Vorsorge. Zur Gewichtung ist mindestens eine weitere Größe nötig, etwa das Ausmaß, in dem bestimmte Schutzziele verletzt werden, oder die Zeitspanne, in der das Tagesgeschäft gestört ist. Eintrittswahrscheinlichkeit und Schadensumfang sind für jeweils alle möglichen (absehbaren!) Ereignisstränge zu bestimmen *(Szenario-Technik, Netzwerk-Analyse)*. Rechnerisch ist es übrigens gleichgültig, ob es um ein erwünschtes Ereignis geht, dessen Ausbleiben schadet, oder ein nicht-erwünschtes Ereignis, dessen Eintritt schadet.

Risikopotential
ist die Gesamtheit aller Ausprägungen eines Risikos mit den jeweiligen Wahrscheinlichkeiten; es wird oft in Szenarien gefasst *(Best Case/Worst Case)*.

Risikofaktor
ist der wirksame Bestandteil des Risikos (wie eine Rufschädigung im Fall eines Gerüchts).

Risikoanalyse
ist ein Ansatz zur Erfassung aller Risiken und wird in Kap. 5 beschrieben.

Risikomatrix
zeigt die Ergebnisse der Risikoanalyse und wird auch in Kap. 5 beschrieben.

Schutzziel
ist vor Gefährdungen oder Schädigungen zu bewahren und wird aus den Unternehmenszielen, der Marktlage, der Rechtslage oder gegenwärtigen und erwartbaren gesellschaftlichen Entwicklungen abgeleitet – Beispiele sind.

• Leben und Gesundheit von Menschen: Beschäftigte des Unternehmens, Mieter(innen), Eigentümer(innen),
• Unternehmenswerte: Liegenschaften und andere (auch Information via ICT),
• die Marktstellung (Erhalt, Ausweitung),
• die Umwelt oder
• die Rechtsordnung.

Störfall
ist ein örtlich-zeitlich eng umgrenztes Ereignis, das Arbeitsabläufe mit geringem Schaden (im Vergleich etwa zum Jahresergebnis des Unternehmens) beeinträchtigt und üblicherweise im Tagesgeschäft bewältigt wird.

Notfall
ist ein örtlich-zeitlich begrenztes Ereignis, das mehrere Arbeitsabläufe oder die Tätigkeit des gesamten Unternehmens beeinträchtigt, teils erhebliche Schäden verursacht und nicht mehr im üblichen Tagesgeschäft bewältigt werden kann.
    Diese Abgrenzungen verschwimmen: Ein betrieblicher Störfall (Ausfall eines Geräts) kann zum Notfall werden (Verpuffung, Großbrand) und über das Unternehmen hinaus in Siedlungsgebiete wirken (Einsatz von Rettungskräften, Straßensperrungen, Sanierungsmaßnahmen, Schadenersatzforderungen, …).

Schadensfall
ist ein Stör- oder Notfall nach Feststellung seiner Folgen, damit auch des Schadensumfangs (Ereignis als Vergangenheit).

Krise (griech./lat. *krisis/crisis,* **Wendung, Entscheidung)**
ist ein durch Stör-/Notfälle bewirkter Zustand eines Unternehmens oder Siedlungsgebiets, der Leben, Gesundheit, Eigentum von Menschen oder das Unternehmen
erheblich gefährdet/schädigt und außergewöhnliche Maßnahmen von Beteiligten
und Behörden erfordert.

Krisenprävention
umfasst alle vorbeugenden Maßnahmen zur Vermeidung/Bewältigung von Krisen.

Krisenkonzept
ist ein umfassender Ansatz der Notfallvorsorge und erscheint in Kap. 6.

Krisenkommunikation
umfasst die Vermittlung von Lagebildern oder der Sach- und Rechtslage an Betei-
ligte und Betroffene im Ernstfall; Ziele sind ein gemeinsamer Kenntnisstand, die
Erfüllung von Benachrichtigungs- und Meldepflichten sowie die Verständigung über
das notwendige Vorgehen.

Katastrophe (griech. *katastrophe,* **Unglück, Verderben)**
ist ein Zustand eines Gebietes/Landes, der Leben, Gesundheit, Eigentum von
Menschen erheblich gefährdet/schädigt und umfassendes behördliches Handeln
erforderlich macht.

Pandemie (altgriech. *pan-demia,* **das ganze Volk)**
ist eine zeitlich begrenzte, sich aber weiträumig verbreitende, ansteckende Krankheit
mit schwerem Verlauf.

Infrastruktur (lat. *infra,* **darunter,** *structura,* **Ordnung, Fügung)**
umfasst Verkehrswege, Leitungsnetze und alle sonstigen Einrichtungen zur Ver-
/Entsorgung in Siedlungsgebieten. Kritische Infrastruktur im rechtlichen Sinn
umfasst Strom, ICT, Brennstoffe, Fernwärme, Wasser, Lebensmittel, Gesundheitswesen, Banken/Versicherungen und Verkehrseinrichtungen.

Information/Communication Technologies ICT
umfassen alle Einrichtungen zur Verständigung, sind Teil der Infrastruktur und
beruhen auf Technologie.
    Dass solche Begrifflichkeiten wissenschaftlich gefasst und beziffert werden,
darf nicht davon ablenken, dass hier eine wesentliche Ambivalenz im Denken
und Fühlen von Menschen wirkt: Einerseits ist das Bedürfnis nach Sicherheit,

Geborgenheit, Schutz überaus wichtig, und und somit sind Vorkehrungen für den Ernstfall vernünftig und naheliegend – vor allem, wenn die Betreffenden bereits schlechte Erfahrungen gemacht haben. Andererseits neigen Menschen in Gruppen und Gemeinschaften dazu, Verantwortung und Entscheidungen zu verlagern; sie können so Gefährdungen verdrängen und sich aus Gewohnheit auf Vorgesetzte, Vorschriften oder „den Staat" verlassen.

Notfallvorsorge heißt, sich auch solchen Widersprüchen zu stellen und umsichtig jeweils sinnvolle Maßnahmen zu treffen. Gefährdungen werden erkennbar durch Wahrnehmung und Deutungen bestimmter Erscheinungen im Lebensumfeld, werden also oftmals von Mensch zu Mensch unterschiedlich eingeschätzt. Im Einzelfall müssen Betroffene – unter Stress und Zeitdruck – verschiedene folgenreiche Abwägungen treffen:

- Ist mein Wissen über die Lage vollständig oder nicht, habe ich es selbst gewonnen oder wurde es mir vermittelt, ist es glaubhaft oder eher nicht?
- Ist die Lage zu bewältigen oder nicht, habe ich Erfahrungen mit ähnlichen Herausforderungen (Wissen und Können, Fähigkeiten und Fertigkeiten)?
- Habe ich Hilfe von anderen oder muss ich allein handeln?

Mit Menschen über Gefahren des Lebens zu sprechen, heißt vorrangig, sich mit ihrem Seelenleben zu befassen: Wer über Sicherheit spricht, meint meist ein Sicherheitsgefühl. Doch Wahrscheinlichkeiten entziehen sich dem „gesunden Menschenverstand": Wetterschäden sind in Wohnsiedlungen weit wahrscheinlicher als Anschläge; Letztere erregen aber weit mehr Aufmerksamkeit und Ängste. Warnungen vor „natürlichen" Ereignissen werden, ebenso wie vor Gefahren schlechter Ernährung, oft nicht ernst genommen. Menschen in schwierigen Lebenslagen, die sich verzweifelt an eine Hoffnung klammern und dabei die Wirklichkeit ausblenden, bestätigen zudem das *Thomas-Theorem* (1928), benannt nach den US-amerikanischen Soziologen Dorothy S. Thomas (*1899; †1977) und William I. Thomas (*1863; †1947): Beeinflussen Angst und Furcht das Leben, ist bald nicht mehr wichtig, ob sie begründbar sind – sie werden zu einer neuen Wirklichkeit. Bedrohungsgefühle und Gruppendruck befördern „gefühltes Wissen", das in gesellschaftlich angespannten Zeiten Aufruhr auslösen kann (Kraus 2021).

Selbsterfüllende Prophezeiungen wirken ähnlich verzerrend – Menschen oder Umstände misstrauisch als gefährlich zu betrachten, kann nicht nur ausgrenzend und herabwürdigend wirken, sondern über einen „Tunnelblick" genau die Entwicklungen fördern, die befürchtet wurden. Wer in seinem Umfeld nach bestimmten Anzeichen von Gefahr sucht, wird diese Anzeichen auch finden. Ein Lagebild ergibt sich daraus nicht. So sind diejenigen Führungskräfte gut beraten, die den

Sachverstand ihrer Leitungs- und Fachkräfte zu nutzen verstehen und mit Rechts- und Sachkenntnis sowie mit Lebenserfahrung Eindrücke und Wissen miteinander abgleichen können.

Rechtsgrundlagen und Richtlinien 4

Jedermann ist sehr bereitwillig, durch Schaden klug zu werden, wenn nur der erste Schaden, der dies lehrt, wieder ersetzt werden würde. – G. C. Lichtenberg

Notfallvorsorge ist in Deutschland durch mehrere Rechtsvorschriften geregelt. Grundsätzlich sind die Länder und Gemeinden verantwortlich. Das Verhältnis von Bund, Ländern und Gemeinden sowie die Frage der Verhältnismäßigkeit im Ernstfall bietet jedoch Stoff für Debatten (Walus 2012). Dies zeigte sich auch in der Corona-Pandemie, betrifft Wohnungsunternehmen aber nur mittelbar.

Die Wohnungswirtschaft ist weder im Zivilschutz- und Katastrophenhilfegesetz (ZSKG) noch in der Verordnung zur Bestimmung Kritischer Infrastrukturen nach dem BSI-Gesetz (BSI-KritisV) erwähnt – anders als Gesundheitswesen, Strom-, Wasser-, Lebensmittelversorgung oder ICT. Die Regelungsbemühungen in der Corona-Pandemie ergaben die Frage nach einer entsprechenden Rechtsgrundlage für die Wohnungswirtschaft zur Anwendung in landes- oder bundesweiten Notlagen (Kündigungsverbote, Belegungsbindungen, Zuweisungen, Mietbegrenzungen/-stundungen) nach dem Vorbild des Wirtschafts-, Arbeits- und Verkehrssicherstellungsgesetzes oder des Energiesicherungsgesetzes (WiSiG, ASG, VerkSiG, EnSiG).

Das Handelsgesetzbuch verpflichtet Unternehmen, Risiken zu ermitteln – ohne bestimmte Verfahren dafür vorzuschreiben – und im gesetzlichen Rahmen darüber zu berichten (vgl. §§ 285 3., 289 (2) 1., 289c (3), 314 (1) 2., 15., 315 (2) 1. HGB). Im diesem Zusammenhang ist auf den Deutschen Corporate Governance Kodex hinzuweisen (www.dcgk.de); dieser gilt für börsennotierte Unternehmen, kann aber als Vorlage für Regelungen in Sachen Compliance dienen. Ferner

© Der/die Autor(en), exklusiv lizenziert durch Springer Fachmedien Wiesbaden GmbH, ein Teil von Springer Nature 2021
M. H. Kraus, *Notfallvorsorge für die Wohnungswirtschaft,* essentials, https://doi.org/10.1007/978-3-658-35469-5_4

führten die Baseler Eigenkapitalvereinbarung *(Basel II)* und der europäische Versicherungsrechtsrahmen *(Solvency II)* zur Vorverlegung von Absicherungen der Banken und Versicherungen in die Tätigkeit der mit ihnen vertraglich verbundenen Unternehmen. Diese können nicht von einer garantierten Deckung jeglicher Schäden ausgehen, sondern müssen selbst auf Absicherung in ihren Wertschöpfungsketten hinwirken. Verwiesen sei dazu auf die Mindestanforderungen an das Risikomanagement *(MaRisk)* der Bundesanstalt für Finanzdienstleistungsaufsicht.

Die damalige Bundesregierung schuf vor längerer Zeit eine Strategie zum Schutz Kritischer Infrastrukturen; es entstanden zwei entsprechende Leitfäden für Unternehmen und Behörden mit Leitfragen und Checklisten (BMI 2005, 2009, 2011). Ein weiterer behandelt die staatliche Risikoanalyse, eine umfangreiche Untersuchung die staatlichen Schutzziele (BBK 2019d; Gerhold und Schuchardt 2021). Letztere zeigt Handlungsbedarf, wie auch bereits ein älterer Sachstandsbericht (BBK 2010a). Ein Leitfaden zur Risikoanalyse stammt von der Europäischen Kommission (Europäische Kommission 2010); ein weiterer zur Notfallvorsorge in Siedlungsräumen wurde von der Weltbank für ärmere Länder geschaffen, bietet aber einen guten allgemeinen Beurteilungsrahmen (World Bank Group 2015).

Die arbeitsplatzbezogene Gefahrenerkennung und -vorbeugung im Unternehmen ist insbesondere durch das Arbeitsschutzgesetz (ArbSchG) oder die Arbeitsstättenverordnung (ArbStättVO) geregelt. In der Wirtschaft werden zudem zahlreiche Normensysteme umgesetzt – zu nennen sind die der *International Organization für Standardization* ISO (www.iso.org), wie ISO 45001 *(Occupational Health and Safety),* ISO 14000er *(Environmental Management),* ISO 17799 *(Information Security)* oder ISO 12100:2010 *(Safety of Machinery).* Vom Deutschen Institut für Normung DIN (www.din.de) wurden weitere Normen erstellt oder übernommen, etwa DIN CEN/TS 17091 (Krisenmanagement), DIN ISO 31000 (Risikomanagement), DIN EN ISO 22301 *(Business Continuity Management System)* oder DIN ISO/IEC 27001/2 (Sicherheit von ICT). Andere Beispiele aus diesen umfangreichen Regelwerken sind die DIN 14090er-Reihe (Brandschutz/Feuerwehr), DIN 77200 (Sicherheitsdienstleistungen) oder Normen zu baulichen Sicherheitsmaßnahmen, wie die DIN 4102er-Reihe (Brandverhalten von Baustoffen und Bauteilen) oder DIN 18106 (Einbruchshemmung).

Der Schutz betrieblicher ICT und ihrer Schnittstellen nach außen wird immer wichtiger. Ein Rahmen für Wirtschaftsgrundschutz in Unternehmen stammt von den Bundesämtern für Verfassungsschutz und für Sicherheit in der Informationstechnik (BfV/BSI 2016, 2017). Letzteres schuf ein umfangreiches ICT-Schutzhandbuch (BSI 2021) sowie die BSI-Standards 100-4, 200-4 (Notfall, *Business Continuity Management*) nach dem IT-Sicherheitsgesetz. Die Datenschutz-Grundverordnung (DS-GVO) wurde in den letzten Jahren branchenübergreifend debattiert und umgesetzt.

Leitfäden zur Notstromversorgung in Unternehmen und Behörden und zum Verhalten bei Stromausfall stammen vom Bundesamt für Bevölkerungsschutz und Katastrophenhilfe (BBK 2019b, c).

Der Deutsche Städtetag und das Bundesinnenministerium veröffentlichten Leitfäden zur Krisenkommunikation (Deutscher Städtetag 2012; BMI 2014).

In den letzten Jahren erschienen mehrere für unternehmerische Zwecke geeignete Abhandlungen und Handbücher (Vose 2008; Brühwiler und Romeike 2010; Cottin und Döhler 2013; Wolke 2015; Gleißner 2016; Trauboth 2016; Diederichs 2017; Rausand und Haugen 2020; Romeike und Hager 2020).

Im Ernstfall ist es stets besser, Menschen mit den jeweils vorhandenen Mitteln zu helfen und dabei auch Fehler zu machen, als auf Rettungsdienste zu warten oder aus der Ferne zuzusehen und Hilfe zu verweigern. Letzteres ist wohlgemerkt strafbar, ebenso der Missbrauch von Notrufen (§§ 145, 323c StGB). Das Strafgesetzbuch behandelt diverse Straftaten, die das Wirtschaftsleben, den Straßen- und Bahnverkehr, die Umwelt und andere schützenswerte Güter bedrohen oder schädigen. Doch das Strafrecht greift bekanntlich erst, wenn der Schaden entstanden ist, und wirkt bestenfalls mittelbar vorbeugend.

Risikoanalyse

> *Für das Künftige zu sorgen, muss bei Geschöpfen, die das*
> *Künftige nicht kennen, sonderbare Einschränkungen*
> *leiden. Sich auf sehr viele Fälle zugleich zu schicken,*
> *wovon oft eine Art die anderen zum Teil aufheben muss,*
> *kann von einer vernünftigen Gleichgültigkeit gegen das*
> *Zukünftige wenig unterschieden sein. – G. C. Lichtenberg*

Risikoanalyse ist eine umfassende Bestandsaufnahme *(Ist-Zustand)* zur Erfüllung unternehmerischer Schutzziele *(Soll-Zustand)*. Da Stör- und Notfälle nicht völlig verhindert werden können, bedeutet Schutzziele zu wahren vorrangig, im Ernstfall zuerst gefährdete und geschädigte Menschen zu retten und zu schützen, dann die Arbeitsfähigkeit des Unternehmens zu erhalten oder schnellstmöglich wiederherzustellen.

Risikoanalyse beinhaltet die Untersuchung aller betrieblichen Abläufe und Wirkbeziehungen auf Fehler, Mängel oder Störanfälligkeiten – insbesondere eben solche, die die Schutzziele betreffen. Sie umfasst jeweils die Abschätzung der Eintrittswahrscheinlichkeit und des Schadensumfangs (Wirkung/Folgen), bezogen auf das Unternehmen und seine Umwelt (*Risikoidentifikation* zielt auf die *Qualität* der *Risikofaktoren, Risikoanalyse* auf deren *Quantität.*)

Risikoanalyse erfordert, unterschiedliche Ereignisse mit unterschiedlichen Ursachen, unterschiedlichen Wirkungen und unterschiedlichen Wahrscheinlichkeiten in einer trotzdem einheitlichen und nachvollziehbaren Form zu erfassen, um Verbesserungs- und Vorbeugungsmaßnahmen zu treffen. Dazu dienen Einteilungen nach Ursachen, seien es „Mensch/Gesellschaft" – „Technik" – „Natur/Klima" (Tab. 5.1) oder „Unternehmen" – „Umwelt".

M. H. Kraus, *Notfallvorsorge für die Wohnungswirtschaft,* essentials,
https://doi.org/10.1007/978-3-658-35469-5_5

Tab. 5.1 Ursachen von Risiken. Der Klimawandel ist auf menschliches Handeln zurückzuführen, wirkt aber im einzelnen Schadensfall als „höhere Gewalt"

	Mensch, Gesellschaft	Technik	Natur, Klima
Absichtlich, vorsätzlich	Umbrüche in der Gesellschaft, Veränderungen der Rechtsordnung, Vertragsverletzungen, Straftaten	–	–
Zufällig, fahrlässig	„Menschliches Versagen", Unfälle	Mängel an Anlagen und Gebäuden	Wetterereignisse (Sturm, Gewitter, Hagel, …)
Wiederholt, andauernd	Entfremdung Einzelner von Arbeitsumfeld und/oder Gesellschaft, Wirtschaftskrisen	Sanierungsstau, Verschleiß an Anlagen und Gebäuden	Klimawandel

Intrinsische Risiken
umfassen alle „selbstgemachten", „unternehmenseigenen" Fehlentscheidungen und Fehlentwicklungen. Sie sind nicht Gegenstand dieses Leitfadens; verwiesen sei auf Veröffentlichungen zur Betriebsführung, zum Steuerrecht, zum Wirtschaftsstrafrecht sowie auf die laufende Rechtsprechung.

Extrinsische Risiken
wirken von außen auf das Unternehmen; in der Wohnungswirtschaft sind vor allem folgende 20 Gruppen wesentlich:

- Gerüchte über das Unternehmen sowie Presseveröffentlichungen, die Arbeitsabläufe beeinträchtigen, die Tätigkeit des Unternehmen behindern oder die Außenwirkung schädigen können,
- Brände, Wasserschäden oder sonstige Stör-/Notfälle in Gebäuden bis hin zu deren Verlust,
- Handlungsbedarf/Veränderungen bei Grund und Boden, wie die Feststellung von Altlasten/Kampfmitteln oder Verluste durch Erdrutsch/Unterspülung,
- Gerichtsverfahren, in denen das Unternehmen Kläger oder Beklagter ist (*Prozessrisiko*),
- Verzögerungen in (bau-)amtlichen Antragsverfahren,
- Verzögerungen und Leistungsmängel in Sanierungs- und Bauvorhaben, die den beauftragten Firmen zuzurechnen sind,

- Preisanstiege bei Energie und Baustoffen sowie Löhnen in Bauhaupt- und -nebengewerben,
- Fachkräftemangel am Arbeitsmarkt,
- Straftaten (insbesondere Betrug, Einbruch, Bedrohung, Nötigung, Erpressung, Raubüberfall, Körperverletzung, Geiselnahme, Bombendrohung),
- Störfälle in Fabriken oder Kraftwerken, Großbrände in Siedlungen oder deren Nähe,
- Wetterereignisse und deren Folgen im Einzelfall (Hitzewelle, Starkregen/Hagel/Schneefall, Überschwemmung/Sturzflut),
- Ausfall der Wasser-, Strom-, Wärmeversorgung im Einzelfall
- Gruppenfeindlichkeiten in Siedlungsräumen, die in den Bestand wirken (Streitigkeiten, Gewalttaten, Aufruhr/Ausschreitungen),
- Anschläge, die Bestände des Unternehmens bedrohen/schädigen (*Terror*),
- Angriffe auf das Unternehmen, insbesondere seine ICT (*Sabotage*),
- Zahlungsausfälle/Verluste durch längerfristige wirtschaftliche Umbrüche in Siedlungsräumen (Erwerbslosigkeit, Kaufkraftschwund, Leerstand),
- Pandemien,
- Änderungen der Rechtsverhältnisse mit Folgen für die Wohnungswirtschaft (Mietpreisgrenzen, Belegungsbindungen, Sanierungsauflagen, …), insbesondere wenn sie Neubewertungen von Liegenschaften erfordern,
- Klimawandel mit langfristigen Wirkungen für Siedlungsräume (Hitzestau, Hitzestress, Wassermangel mit besonderer Hilfsbedürftigkeit von Kindern, Alten, Kranken) und letztlich der
- Spannungs- und Verteidigungsfall.

Es gibt zwischen beiden Schnittmengen und Wechselwirkungen, etwa wenn.

- mangelnde Rechtskenntnis und/oder Verhandlungsbereitschaft der Geschäftsleitung oder einzelner Leitungskräfte erst dazu geführt hat, dass das Unternehmen in Streitigkeiten und Gerichtsverfahren verwickelt ist,
- Anteilseigner zu hohe Erwartungen haben, die die Geschäftsleitung unter Verzicht auf Sicherheitsvorkehrungen zu bedienen versucht,
- das Betriebsklima im Unternehmen zu Eigenkündigungen geführt hat und sich anschließend zeigt, dass es kurzfristig an geeignetem Ersatz auf dem Arbeitsmarkt mangelt – wodurch der Stress im Tagesgeschäft wächst.

Schwierigkeiten im Geschäftsleben haben bekanntlich nicht nur wirtschaftliche, fachlich und rechtliche Anteile, sondern immer auch menschliche.

Störungen und Ausfälle der ICT sind stets gesondert zu betrachten, da sie durch mehrere der genannten Einflüsse verursacht werden können und ihrerseits in alle Unternehmensbereiche rückwirken. Hier ist frühzeitig und regelmäßig zu prüfen,

* welche betrieblichen Tätigkeiten bei einem zeitweiligen Ausfall weitergeführt, verlagert oder ausgesetzt werden können (Beispiel: Hausmeistereinsatz ist weniger betroffen als Mietenbuchhaltung),
* wie ein schneller Wiederanlauf gelingt (Hilfe durch Dienstleister?),
* ob wirksame Sicherungsmaßnahmen bestehen und wie Zugriffe von außen verhindert oder geblockt werden.

Die genannten Gefährdungen sind entsprechend der Bedürfnisse des Unternehmens zu gewichten und zu bewerten. Das ist eine Gratwanderung, da einerseits eine belastbare Entscheidungsgrundlage entstehen soll, andererseits Auflistungen mit zu vielen Details Wissenschaftlichkeit nur vortäuschen und im Alltag nicht anwendbar sind. Hilfreich sind zehn Leitfragen:

1.1. Was kann geschehen?
Gefragt wird nach dem möglichen Ereignis; es ist sinnvoll, einige der obigen wegen geringster Wahrscheinlichkeit auszuschließen, andere feiner zu untergliedern: So umfasst ein Sanierungs- oder Bauvorhaben an sich bereits eine Vielzahl von Risikofaktoren, die eingepreist werden müssen.

1.2. Wer und was würde beeinflusst/beeinträchtigt/geschädigt?
Hier geht es um die jeweilige Wirkrichtung bezogen auf die Schutzziele, also die betroffene Unternehmensbereiche und -werte.

1.3. Was würde dies bewirken?
Die möglichen Schäden sind nach Schadenssummen und Zeiträumen abzuschätzen, dabei (möglichst) die geringst- und höchstmöglichen Schadwirkungen anzusetzen (*Best Case/Worst Case*).

1.4. Wie lange würde dies andauern?
Hier ist nicht nur das einzelne Ereignis zu prüfen, sondern zusätzlich der zu erwartende Aufwand zur Behebung von Schäden (Schadensabwicklung mit Versicherungen, Wasser-/Brandschadensanierung, Sicherungsmaßnahmen)

1.5. Wie wahrscheinlich ist dies?
Es ist nicht möglich, jede Gefährdung seriös zu beziffern. Für Wetterschäden oder Bauverzögerungen gibt es Erfahrungswerte, für etliche der oben aufgezählten nicht. Daher empfiehlt sich – siehe unten – eine Klasseneinteilung.

1.6. Wie lange bliebe das Unternehmen handlungsfähig?
Das ist abhängig von Art und Wirkrichtung der Gefährdung – siehe Kap. 7.

2.1. Was geschieht, wenn wir vorbeugend handeln?

2.2. Was geschieht nicht, wenn wir vorbeugend handeln?

2.3. Was geschieht, wenn wir nicht vorbeugend handeln?

2.4. Was geschieht nicht, wenn wir nicht vorbeugend handeln?
Die letzten vier Leitfragen sind jeweils rechtlich, sachlich und wirtschaftlich zu beantworten. Der Arbeitsaufwand der Notfallvorsorge wird wesentlich bestimmt durch.

- die Unternehmensgröße,
- den Gebäudebestand (Zustand, Nutzung, Lage) sowie
- die Besonderheiten des jeweiligen Siedlungsraums (Anbindung an Verkehr und Ballungsräume, Wohnungsmarktentwicklung und Wirtschaft, Bevölkerung nach Altersverteilung, Kaufkraft, Erwerbstätigkeit),

denn daraus folgen die Wahrscheinlichkeit und das Ausmaß von Gefährdungen sowie die Handlungsmöglichkeiten bei Vorbeugung und Eingrenzung, allgemein also der Schutzbedarf. Bei Ereignissen, die in bestimmten Zeiträumen mehrfach aufgetreten sind, sind die näheren Umstände und die Vorgeschichte wichtig:

- Gab/gibt es Rechtsverfahren oder sonstige Streitfälle im Tagesgeschäft, die Ursache für Vergeltungshandlungen sein könnten? Gab/gibt es Kampagnen gegen das Unternehmen oder die Branche, etwa in Wahlkampfzeiten?
- Waren in bestimmten Zeiträumen bestimmte schädigende Handlungen (wie ICT-Attacken) gehäuft zu verzeichnen? Worauf genau zielten diese, wie konnten sie abgewehrt werden? Waren andere Unternehmen der Branche und Region ebenfalls betroffen?
- Sind Vorfälle – wie Brandstiftung, Sachbeschädigung – auf bestimmte Gefährdungslagen in einzelnen Siedlungsräumen zurückzuführen (Niedergang eines

Gebiets aufgrund wirtschaftlicher Veränderungen, Auftreten von Jugendgrup-
pen)?

Damit kann auf die Wahrscheinlichkeit einer Wiederholung geschlossen werden.
Mit der Größe und örtlichen Bedeutung des Unternehmens (Bekanntheitsgrad)
sowie der Anzahl bisheriger Stör- und Notfälle kann die Wahrscheinlichkeit
weiterer schädigender Ereignisse wachsen.
Aus den Ergebnissen der *Risikoanalyse* wird die *Risikomatrix* gebildet. Sie
soll anschaulich Gefährdungen, Schadwirkungen und Maßnahmen zeigen, geglie-
dert nach Schadensumfang, Wahrscheinlichkeit und Zeitrahmen (Abb. 5.1). Eine
Gewichtung von Ereignissen und ihren Auswirkungen ist wichtig, muss aber
umsichtig geschehen: Zu feine Gewichtung erfordert ständige Nachbesserungen,
zu grobe erschwert die Anwendung. Sinnvoll ist die Einteilung nach.

- „derzeit nicht bekannt/bezifferbar" (X),
- „nicht wesentlich/schädlich; zeitlich: nie" (0 oder GRÜN, in der Abbildung
  weiß),
- „gering beeinträchtigend/störend, aber zu bewältigen"; zeitlich: gelegent-
  lich/manchmal/selten (1 oder GELB, in der Abbildung hellgrau),
- „bedenklich/erheblich"; zeitlich: häufig/oft/wiederholt (2 oder ORANGE, in
  der Abbildung dunkelgrau),
- „bedrohlich/gefährlich"; zeitlich: dauernd/immer/ständig (3 oder ROT, in der
  Abbildung schwarz).

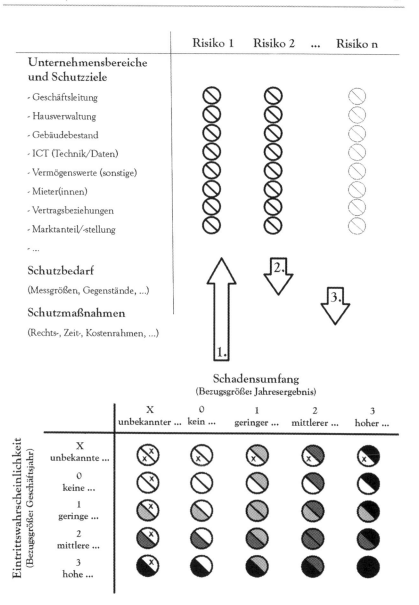

Abb. 5.1 Risikomatrix als Vorlage. (nach Bedarf zu erweitern)

*Es ist zum Erstaunen, wie wenig dasjenige oft, was wir
für nützlich halten, und was auch leicht zu tun wäre, doch
von uns getan wird. – G. C. Lichtenberg*

Ein Krisenkonzept sollte zu einem betrieblichen Qualitätssystem gehören, auf
einem Regelkreis beruhen und drei wesentliche Bestandteile umfassen:

- Risikomatrix, beschrieben in Kap. 5,
- Notfallhandbuch mit Fallunterscheidungen nach Stör- und Notfällen sowie den
  entsprechenden Maßnahmen,
- Checklisten, Organigramme, Kontaktdaten für den Ernstfall.

Da wie oben beschrieben ganz unterschiedliche Gefährdungen auf ein Wohnungsunternehmen wirken können, sind sehr verschiedene Maßnahmen zu bedenken.
Zwecks Übersicht können diese etwa in gesetzlich geforderte und freiwillig vor-
genommene unterteilt werden; das mag sinnvoll sein, um Aufsichtsgremien oder
Anteilseignern Rechenschaft abzulegen. Fachlich ist jedoch eine zeitliche Glie-
derung sinnvoller. Zeitrahmen werden hier unterschieden nach kurzfristig (sofort,
spätestens bis zum Ende des Geschäftsjahres), mittelfristig (innerhalb von 1–3
Geschäftsjahren), langfristig (5–10 Geschäftsjahre):

Langfristige Maßnahmen

- Wohnungsunternehmen planen und handeln zumeist langfristig; die Verbesserung der Marktstellung einschließlich Erwerb/Veräußerung von Liegenschaften

sowie der planmäßigen Instandhaltung dient auch der Streuung von Risiken und
soll sich in schlechten Zeiten auszahlen.

• Umsichtige Bestandsentwicklung zielt auf gute (spannungsarme) Nachbarschaft,
nicht nur für das Zusammenleben im Alltag, sondern auch, um im Bedarfsfall
gegenseitige Hilfeleistung zu fördern: Kennen sich Menschen, werden sie sich
im Ernstfall eher bestehen als Fremde.

• Netzwerke von Wohnungsunternehmen im Siedlungsraum, insbesondere ein
Austausch mit den Fachbehörden der Gemeinde (Katastrophenschutz, Feu-
erwehr) sind sinnvoll, da bei Bedarf die Zuständigkeiten, Meldeketten und
Anlaufstellen bekannt sind.

Mittelfristige Maßnahmen

• Risiken müssen in den Anhängen und Berichten zu Bilanz und Gewinn- und
Verlustrechnung gemäß HGB erscheinen – siehe Kap. 4; zu nennen sind in
diesem Zusammenhang das Bilden von Rückstellungen und das Anpassen des
Versicherungsschutzes.

• Eine Schulung der Beschäftigten zum Notfallhandbuch ist erforderlich, ferner
Notfallübungen etwa zu „Wassersperrung", „Stromausfall" oder „Gebäudebrand" in Zusammenarbeit mit den örtlichen Behörden einschließlich des Erpro-
bens von Meldeketten. Eine Zusammenarbeit mit Verbänden der Wohlfahrts-
pflege (Beratungs- und Hilfsangebote für Menschen mit Unterstützungsbedarf)
ist zu prüfen.

• Informationsmaterial für Mieter(innen) im Bestand (auch über Aushänge oder
das Netz) kann umfassen „Verhalten im Brandfall/Einsatz von Rauchmeldern",
„Verhalten bei Stromausfall", „Verhalten bei Hitzewellen", „Vorratshaltung für
Notfälle", „Nutzung und Einsparung von Wasser" oder „Erste Hilfe". Es muss
nicht immer selbst erstellt, sondern kann von Gemeinde-, Landes- oder Bun-
desbehörden bezogen werden – siehe Anhang. Aufgrund der Corona-Pandemie
ist nicht mehr zu befürchten, dass die Verteilung solcher Veröffentlichungen als
Panikmache wirkt.

• Unterschiedliche Wohnlagen und Wohnbevölkerungen bedingen unterschiedliche Sicherheitsbedürfnisse. Gerade in Großstädten ist das Sicherheitsgefühl eine
heikle Angelegenheit. Der Zugang durch Unternehmensfremde ist in den Räumlichkeiten einer Hausverwaltung noch überschaubar, in den Wohnanlagen zählt
die Aufmerksamkeit der dort Wohnenden und der Hausmeister.

• Ein Krisenkonzept muss wie erwähnt in sinnvollen Abständen überprüft werden.
Dies kann mit *Szenario-Techniken* (*Best Case/Worst Case*) geschehen, wobei

mögliche Ereignisstränge durchgedacht und -gerechnet werden, um Schadens-
folgen miteinander zu vergleichen; ein betriebswirtschaftlicher Ansatz wäre ein
sogenannter Stresstest (Marschner 2017).

Kurzfristige Maßnahmen
Sie gelten für den Stör- und Notfall und müssen in den lang- und mittelfristigen
Maßnahmen mitbedacht sein. Hierzu soll das Notfallhandbuch enthalten.

- Stör-/Notfälle mit jeweiligen Zuständigkeiten und Meldeketten/Alarmplänen
  (Organigramme, Kontaktdaten) mit den Schnittstellen Geschäftsleitung – Fach-
  behörden, Geschäftsleitung – Hausverwaltung vor Ort,
- Standort-/Gebäudepläne der Wohnanlagen mit Zufahrten/Fluchtwegen,
  Leitungs-/Anlagenplänen, Erste-Hilfe-/Brandschutz-Einrichtungen (Löschanla-
  gen, Rauchmelder, Brandschutztüren, …), Melde-/Warneinrichtungen (Alarm),
  Übersichtspläne der umliegenden Siedlungsräume (Ver-/Entsorgungsleitungen,
  Wasserentnahmestellen, Verkehrswege, Sammelplätze),
- Handlungsanweisungen für wichtige Unternehmensbereiche (ICT!) nach der
  Regel "vom Großen zum Kleinen", betreffend die wichtigsten, schutzbedürf-
  tigsten Arbeitsbereiche,
- Leitlinie zur Erstellung von Lagebildern (Checkliste in Kap. 9),
- Leitlinie zur Krisenkommunikation (desgleichen).

Sind ganze Siedlungsräume von Notfällen betroffen (insbesondere durch Großbrände oder Überschwemmungen), ist es nicht ausgeschlossen, dass die Geschäfts-
leitungen größerer, insbesondere kommunaler, Wohnungsunternehmen von den
Behörden in die Tätigkeit des Krisenstabes einbezogen werden.
    Das beste Notfallhandbuch kann nicht alle möglichen Fälle berücksichtigen.
Bestimmte branchenübliche Stör- und Notfälle müssen (anhand eigener und fremder
Erfahrungen) durchdacht und Hilfsmaßnahmen geübt werden. Im Ernstfall ist es
zudem wichtig, mit Lebenserfahrung und Geistesgegenwart zu helfen – siehe die
nachfolgenden Übersichten (Kraus 2019). Da sich in Notfällen die Lage schnell
ändert, muss Neubewertung im gesamten Zeitraum möglich bleiben (Tab. 6.1 und
6.2). Beschäftigte dürfen nicht so abgestumpft oder betriebsblind sein, dass sie sich
zurückziehen; ein gewisser freier Handlungsraum muss bewusst bleiben.
    Ein Hilfsmittel zur Entscheidungsfindung auch in der Notfallvorsorge ist das
folgende *Normstrategie-Modell* (Kraus 2019) – Grundlage einer *Heuristik* (griech.
heuriskein, entdecken, finden), eines Arbeitsansatzes zur Lösungsfindung bei
fehlendem Wissen und knapper Zeit: Menschen haben grundsätzlich zehn Möglichkeiten, Herausforderungen zu begegnen – mit mehr oder weniger Eigenleistung.

Tab. 6.1 Dringlichkeit und Wichtigkeit (Eisenhower-Matrix): Wirksam helfen kann, wer unter Belastung die Lage richtig einzuschätzen und Arbeitsschritte sinnvoll zu gliedern vermag

	Wichtigkeit hoch	Wichtigkeit gering
Dringlichkeit hoch	1. erledigen	3. weiterleiten
Dringlichkeit gering	2. vorbereiten	4. vergessen

Tab. 6.2 Originalität und Spontaneität: Erfahrung, Übung und Regelwerke sind die Grundlage des Handelns in Notfällen

	Originalität hoch	Originalität gering
Spontaneität hoch	*Kreativität* (= Finden ohne Suchen) schafft Lösungen, ersetzt aber nicht Handeln. *Improvisation* ermöglicht sofortiges Handeln	*Routine* erspart das Suchen nach Lösungen und ermöglicht sofortiges Handeln
Spontaneität gering	*Kreativitätstechniken* ersetzen Kreativität durch Suchen nach Lösungen, ersetzen aber nicht Handeln	*Imitation* ist Lernen vom Vorbild (*Best Practice*), erspart das Suchen und ermöglicht schnelles Handeln

Doch muss verstanden werden, dass nicht alle zehn immer gleichermaßen sinnvoll sind. Handeln ist auf die Art der Herausforderung und die jeweiligen Zeiträume abzustimmen, hier als Regelkreis gezeigt (Abb. 6.1):

Verdrängung

Leugnen und Verdrängen von Notwendigkeiten und Verantwortung ist im Geschäftsleben grundsätzlich kein guter Ansatz – gehört aber zur entwicklungsgeschichtlichen Ausstattung und hilft dagegen, sich in Ängste hineinzusteigern. Wer als Führungskraft seine Stärken und Schwächen kennt, weiß um die verschwommene Grenze zwischen (gesundem) Vergessen und (schädlichem) Verdrängen.

Verweigerung

Vom Sturstellen und „Aussitzen" bei Schwierigkeiten ist abzuraten, wenn nach außen oder innen der Eindruck entstehen kann, dass die Geschäftsleitung eigene Fehler vertuschen will. Wer sich jedoch seiner eigenen Lage sicher ist, vermag Ansprüchen und Vorwürfen gefestigt entgegenzutreten. Zudem müssen

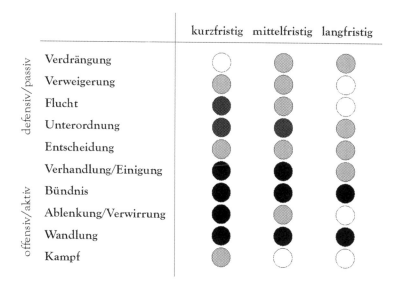

langfristig

Unternehmensziele
Marktstellung
(Marktentwicklung,
Rechtsentwicklung,
Stand der Forschung)

Nachsorge
(Schadensabwicklung,
Nachrüstung,
Sanierung)

Vorsorge
(Planung, Schulung,
Instandhaltung)

Störfall
Notfall

kurzfristig

	kurzfristig	mittelfristig	langfristig
Verdrängung			
Verweigerung			
Flucht			
Unterordnung			
Entscheidung			
Verhandlung/Einigung			
Bündnis			
Ablenkung/Verwirrung			
Wandlung			
Kampf			

defensiv/passiv — offensiv/aktiv

Abb. 6.1 Regelkreis der Notfallvorsorge. Herausforderung und Zeitrahmen formen den Handlungsspielraum. Die Gewichtungen (weiß – sinnlos/nachteilig, grau – bedingt möglich, schwarz – sinnvoll/anwendbar) sind nur Beispiele

gerade Wohnungsunternehmen mit üblicherweise langfristigen Zielen sich von
kurzlebigen Trends absetzen.

Flucht
Auch sie erscheint zunächst nachteilig. Doch Rückzug kann sinnvoll sein –
etwa in Gestalt der Veräußerung von Liegenschaften, die aufgrund ihrer Lage in
gefährdeten Gebieten (Hochwasser, Erdrutsch) nicht mehr wie vorgesehen nutzbar
sind. Beschäftigte in Hausverwaltungen, die mit übergriffiger Kundschaft zu tun
haben, müssen den bewährten Dreiklang „Rückzug – Eigensicherung – Notruf"
verinnerlichen; Schutzvorrichtungen wie „Stiller Alarm", Überwachungskameras,
Zugangssperren, Sicherheitsverglasung, Abgrenzung von Wartebereichen wirken
unterstützend. Dies gilt vor allem in mehrfachbelasteten Wohnlagen oder bei noch
üblicher Barzahlung von Mieten.

Unterordnung
Hierzu gehört das Befolgen von Rechtsvorschriften, in einem Rechtsstaat als
Normalität anzusehen. Im weiteren Sinn geht es auch um Einwirkungen, die
durch Menschen im Ernstfall kaum beeinflussbar sind, etwa Wetterereignisse, die
zunächst erduldet und bestmöglich bewältigt werden müssen.

Entscheidung
Die Verantwortung wird geeigneten Dritten, vor allem der Gerichtsbarkeit über-
tragen. Auch dies ist in einer sicheren Rechtsordnung durchaus Normalität. So
entsteht nicht zuletzt Rechtssicherheit über den Einzelfall hinaus: Das Mietrecht
ist dafür ein gutes Arbeitsfeld.

Verhandlung/Einigung
Eine einvernehmliche Lösung ist sinnvoll und auch in laufenden rechtlichen Verfahren möglich, etwa durch einen Vergleich. Auch Angebote zur Streitbeilegung
für Mieter(innen) gehören hierhin.

Bündnis (Kooperation, Koalition)
Dies sind etwa Mitgliedschaften in Branchenverbänden oder sonstigen Gemeinschaften, die auf Erfahrungsaustausch, Verständigung über gemeinsame Ziele und
allgemein das gemeinsame Tragen von Verantwortung zielen.

Ablenkung/Verwirrung/Täuschung
Im Wirtschaftsleben führt dies mitunter in Grauzonen: Täuschungsabsichten sind
oft mit strafbaren Handlungen verbunden. Doch sind aus China die *36 Strateme*

überliefert – eine alte Sammlung von Ansätzen, meist als „Listen" übersetzt: Im Wettbewerb nähert man sich seinen Zielen auf Umwegen mitunter schneller als auf geradem Weg.

Wandlung in Wettbewerb/Abstimmung
Einerseits können Unternehmen öffentlichkeitswirksam ihren zukunftsweisenden Umgang mit bestimmten Gefährdung darstellen – etwa in Sachen Klimaschutz oder ICT-Sicherheit (Datenschutz!), andererseits sich in Branchenverbänden an Kampagnen zu wesentlichen gesellschaftlichen Entwicklungen beteiligen.

Kampf
Gewaltanwendung ist in der hiesigen Rechtsordnung nur in eng umgrenztem Zusammenhängen zulässig – zur Abwehr gegenwärtiger Gefahr für sich selbst und andere. Ansonsten zeigt sie im zumeist die mangelnde Fähigkeit, eine der ernstgenannten neun Möglichkeiten zu nutzen.

Aufwand und Grenzen

7

Selbst unsere häufigen Irrtümer haben den Nutzen, dass sie uns am Ende gewöhnen zu glauben, alles könne anders sein, als wir es uns vorstellen. – G. C. Lichtenberg

Gefahrenabwehr war schon immer unternehmerische Aufgabe; doch über die letzten Jahrzehnte mehrte sich das Wissen um weltweite Zusammenhänge und Wechselwirkungen erheblich: Auch kleine und mittelständische Unternehmen müssen Gefährdungen bedenken, die weit außerhalb ihres Geschäftsbereichs entstehen. Doch Notfallvorsorge beruht selten auf einem vollständigen Überblick. Gefragt wird wohlgemerkt nach Wahrscheinlichkeit ($0 < P < 100$ %) und nicht nach Sicherheit ($P = 100$ %): Attentate lassen sich ebenso wenig voraussagen wie Erdbeben. Es ist wichtig, das Planen und Handeln zu begründen und bestmöglich für den Ernstfall vorsorgen zu können. Etliche Gefährdungen sind nur pauschal zu umschreiben, und Notfälle sprengen den Handlungsspielraum selbst großer Wohnungsunternehmen:

- Die Evakuierung einer Wohnanlage (Großbrand, Kampfmittelberäumung) mit zeitweiliger Notunterbringung der Betroffenen kann nur mit der Hilfe der zuständigen Behörden bewerkstelligt werden. Dies gilt auch bei mehrtägigen Stromausfällen oder Wassersperrungen, die bewirken, dass ansonsten tadellos instandgehaltene Gebäude nicht mehr nutzbar sind.
- Verlauf und Dauer einer Pandemie sind nicht vorhersehbar; vorrangig müssen die Anweisungen der Behörden im Bestand bekanntgemacht und umgesetzt werden, wenngleich ein umfangreiches Handbuch zahlreiche betriebliche Handlungsansätze aufzeigt (BBK 2010b): Umsetzung eines Hygienekonzepts,

Entzerrung der Arbeitsabläufe in den Hausverwaltungen, Aussetzung der üblichen Öffnungszeiten, Verschieben von Sanierungs- und Baumaßnahmen mit
Wohnungszugang sind Beispiele.

• Ein mehrtägiger Stromausfall würde in großen, dichtbesiedelten Gebieten
  schnell zu ernsthaften Schwierigkeiten führen (Ausfall der Telefonie, Schlie-
  ßung von Einzelhandel/Tankstellen, Überlastung des Gesundheitswesens).
  Aufruhr, Brandstiftungen, Plünderungen wären insbesondere in mehrfachbelasteten Wohnlagen sehr wahrscheinlich. Es gibt in Deutschland keine
  entsprechenden Erfahrungswerte.

• *Domino-/Kaskadeneffekte* (Rückkopplungen) lassen aus Störfällen Notfälle
  und aus solchen Krisen entstehen. Großräumige Stromausfälle oder Wetterereignisse führen dazu, dass Beschäftigte ihre Arbeitsplätze nicht erreichen,
  Rettungsdienste und Feuerwehr behindert werden und die Wasser- und Lebensmittelversorgung leidet. Der Verlauf wird davon bestimmt, ob die örtliche
  Bevölkerung selbsthilfefähig ist; dies ist eher in ländlichen Gebieten zu
  erwarten als in städtischen.

• Unternehmen und Behörden mit Notstromversorgung und Netzzugang würden
  im Ernstfall von verschiedenen Gruppen der Bevölkerung als rettende Zuflucht
  angesehen – was zu Überlastung und Missbrauch der Einrichtungen führen
  könnte.

Schädigende Ereignisse beeinflussen die Zeitbindungen der Beteiligten; Zeitver-
zug bedeutet im Geschäftsleben so gut wie immer Mehrkosten. Die Dauer des
Stör- oder Notfalls bestimmt die Zeit des eingeschränkten Tagesgeschäfts. Ist
ein Brand auch schnell gelöscht, dauern die versicherungsseitige Abwicklung
und die Brandschadenssanierung deutlich länger; eine Pandemie dauert länger als
ein Brand, beeinflusst aber ein Wohnungsunternehmen nur mittelbar – zumindest
sofern nicht Beschäftigte schwer erkranken.

Auch Gegenmaßnahmen sind zeitabhängig: Ein Gebäudebrand oder ein
Angriff auf die ICT des Unternehmens macht schnelleres und gezielteres Handeln
erforderlich als eine Pandemie. Der Verlust eines Gebäudes durch Hochwasser,
der Tod eines Geschäftsführers, die Störung eines Bauvorhabens durch Zah-
lungsunfähigkeit der Auftragnehmer, der Einbruch in eine Hausverwaltung oder
der wirtschaftliche Niedergang eines Siedlungsgebiets mit langfristiger Kauf-
kraftschwächung haben jeweils unterschiedliche wirtschaftliche, rechtliche und
zeitliche Auswirkungen.

Schadensbegrenzung und Folgenabschätzung erfordern einen einheitlichen
Rahmen, und Letztere geht über in die Nachsorge: Welche Folgen/Schäden
sind schon zu verzeichnen oder zu erwarten? Welcher Arbeitsaufwand ist zu

erbringen (Eigen-/Fremdleistungen, Kosten-/Zeitrahmen)? Gerade für die Wiederherstellung stark geschädigter Gebäude (Überschwemmung/Hochwasser, Brand, Erdrutsch) gibt es keine pauschale Handlungsanleitung. Die Bestimmung von Schadensummen und Wiederherstellungskosten erfordert Kostenansätze, welche die Bandbreite zwischen üblicher Abnutzung und völliger Zerstörung abbilden. Verwiesen sei auf die Vergleichs-, Sach- und Ertragswerterhebung (siehe auch die *European Valuation Standards* EVS oder das „Red Book" der *Royal Institution of Chartered Surveyors* RICS). Es ist zu unterscheiden, ob.

- aus Gründen des Denkmalschutzes ein Gebäude vorbildgetreu wiederhergestellt,
- ein Gebäude mit den gleichen Zwecken und Größenordnungen (Wohnfläche, Zahl der Wohnungen) oder
- ein Gebäude errichtet werden soll, das – im Rahmen des Baurechts – den Unternehmenszwecken besser als das bisherige entspricht.

Vermögensschäden werden nach Sachwert bestimmt (Wert der nutzbaren baulichen Anlagen und Bodenwert). Dieser bezieht sich also wesentlich auf die Herstellungskosten und unterscheidet sich vom Markt- oder Verkehrswert. Zu verweisen ist hier auf die ab 2022 geltende neue Immobilienwertermittlungsverordnung ImmWertV. Ansätze für Wiederherstellungskosten sind gelistet, jedoch steigen die Preise seit einiger Zeit insbesondere für Baustoffe und Löhne in den Gewerken; Kostenüberschreitungen von einem Drittel sind bei Bauvorhaben in Ballungsräumen nicht selten. Welche Kosten anfallen, ist auch abhängig von Größe und Aufstellung des Unternehmens (Verhandlungsmacht?), dem Umfang des Bauvorhabens (Kostenvorteile?) sowie dem Aufwand zur Beräumung und Herrichtung des Baufeldes (Schadstoffentsorgung nach Bränden, Baugrube, Beseitigung alter Fundamente, …). Da nicht „billig" gebaut werden kann, hat eine Wiederherstellung Folgen für die bisherigen Mietverhältnisse.

Besondere natürliche Gegebenheiten eines Gebiets beeinflussen ebenso wie schon eingetretene Schadensfälle die künftigen Versicherungsbedingungen und die Verwertbarkeit von Grundstücken. Wichtig ist etwa die jeweilige Einordnung eines Gebiets in die Windlast-, Schneelast- und Erdbebenzonen Deutschlands (*www.dibt.de*, *www.gfz-potsdam.de*). Grund und Boden muss nach einem Schadensfall neu bewertet werden, wenn es durch Erdrutsch oder Hochwasser wesentliche Veränderungen gab oder solche zu erwarten sind (wie in ehemaligen Berg-/Tagebaugebieten); Baugenehmigungen können gegebenenfalls versagt werden.

Schlussfolgerungen

8

Die Menschen ändern sich von selbst, wenn man sie nicht ausdrücklich ändern will, sondern ihnen nur unmerklich die Gelegenheit macht, zu sehen und zu hören. – G. C. Lichtenberg

Deutschland ist im gesellschaftlichen Umbruch; das betrifft die gesellschaftlichen Funktionssysteme wie Bildungswesen, Gesundheitswesen, Altersvorsorge und eben die Wohnungswirtschaft. Mit der Arbeitsteilung und der Vernetzung in einer Gesellschaft wächst deren Störanfälligkeit. Notfallvorsorge in allen Lebensbereichen wird wichtiger, aber nicht zwingend beliebter:

Es gibt einen starken kulturellen Fokus auf Mängel, Schwächen, Nachteile, Fehler, Störungen – und eine jahrhundertealte Prägung auf den Staat. Menschen erkennen durchaus Störungen und Gefährdungen, können sie aber nicht immer richtig einschätzen und verlassen sich zwecks Behebung auf Obrigkeiten. Kann der Wohlfahrtsstaat in Krisenzeiten die hohen Erwartungen nicht erfüllen, führt dies zu Entfremdung, Verärgerung und Vertrauensverlust in großen Teilen der Bevölkerung. Dieses heikle Spannungsverhältnis wurde in den letzten 150 Jahren immer wieder deutlich. Doch auch „der Markt" kann nicht alles regeln, während ein Staat mit dem Anspruch auf Allzuständigkeit für alle Lebensbereiche sich selbst überfordert. So bedeutet der Begriff „Eigenverantwortung" im öffentlichen deutschen Sprachgebrauch genau das Gegenteil, nämlich eine Überwälzung weiterer staatlich verordneter Zwangslasten. Viele europäische Staaten sitzen in der Reformfalle – aus der sie schon wegen hoher Staatsverschuldung, verstärkt durch die Corona-Pandemie, so leicht nicht herausfinden. Das wirkt auf das Denken, gerade wenn es um Dinge geht, die eben nicht wie geplant geschehen.

© Der/die Autor(en), exklusiv lizenziert durch Springer Fachmedien Wiesbaden GmbH, ein Teil von Springer Nature 2021
M. H. Kraus, *Notfallvorsorge für die Wohnungswirtschaft*, essentials,
https://doi.org/10.1007/978-3-658-35469-5_8

Wissenschaftliches, fachliches, rechtliches Wissen für diverse Ernstfälle ist in Deutschland vorhanden – in Forschungseinrichtungen und Behörden: Fachleute kannten seit etwa 2003 die Gefahr einer Corona-Pandemie, seit 2007 gab es den (seither fortgeschriebenen) Nationalen Pandemieplan (RKI 2016, 2017), seit 2008/2010 das erwähnte Handbuch Betriebliche Pandemieplanung (BBK 2010b); es erschienen warnende Veröffentlichungen (Reichenbach et al. 2008; Günther et al. 2011; Uhlenhaut 2011; Deutscher Bundestag 2013a). 2020/2021 entstand aber nicht der Eindruck, der Staat wäre vorbereitet gewesen. Da diese Pandemie nach Art und Ausmaß weder die erste war noch die letzte bleiben wird, sind Schlussfolgerungen wichtig. Gesundheitswesen, Hochwasserschutz oder die Sicherheit in Branchen wie Chemie/Pharma oder Energie sind hierzulande vergleichsweise gut entwickelt – aber immer offenkundig noch verbesserungsfähig.

Wie die Rechtspflege nur an echten Rechtsfällen wachsen kann, entsteht wirksame Notfallvorsorge aus Erfahrungen mit Stör- und Notfällen – nicht zwingend eigenen: Man kann und soll aus Erfahrungen anderer Unternehmen und Länder lernen, wird sich aber nie aller Gefährdungen bewusst sein. Zur Notfallvorsorge gehört gewisse Routine; damit kann sie allerdings auch zum Selbstzweck, zur Pflichtübung werden und Betriebsblindheit fördern. Es geht wie so oft im Leben um das richtige Maß. Dass grundsätzlich viel Wissen vorhanden ist, heißt nicht, dass Betroffene zeitnah darüber verfügen können – und *Expertokratie* führt nicht zu mehr Sicherheit (Kraus 2019):

- Fach- und Rechtsgebiete sind so umfangreich, dass auch Fachleute sie nur schwer beherrschen können; anderen ist es oft kaum möglich, aus den vielen Veröffentlichungen und Äußerungen das Richtige auszuwählen.
- Gegensätzliche Lehrmeinungen sind verbreitet, sodass der Eindruck entstehen kann, dass es zu jedem Gutachten ein Gegengutachten gibt.
- Amtliche und gerichtliche Verfahren gerate oft lang und teuer; Betroffene halten aus verschiedensten Gründen nicht durch, können Bedürfnisse und Ansprüche nicht durchsetzen: Fachleute, Rechtskundige und Behörden bleiben „unter sich".

Ohnehin gelingt es nicht, ein Unternehmen ausschließlich auf der Grundlage wissenschaftlicher Erkenntnisse zu führen. Entscheidungen beruhen stets auf Ermessen, wenngleich moderne ICT immer mehr Werkzeuge bereitstellt (Stichwort *Artificial Intelligence*); dies kann im Einzelfall Chance und Risiko sein. Auch besteht Forschungsbedarf zur Minderung der Störanfälligkeit von Städten. Einige Entwicklungen sind absehbar:

- Folgen und Grenzen der Nachverdichtung werden mittlerweile auch in Deutschland zum Gegenstand der Stadtforschung (Stichworte *Skalierungsprinzipien, Urbane Metrik*) – mit Verspätung gegenüber etwa den Niederlanden, Großbritannien oder den USA (Roskamm 2011; Deilmann et al. 2017). Die Wiederbesiedlung ausgedünnter ländlicher Räume wird verstärkt debattiert – im Zusammenhang mit der „Stadtflucht" wirtschaftlich leistungsfähiger Bevölkerungsgruppen und der zu erwartenden Zuwanderung der nächsten Jahrzehnte. Eine zukunftsfähige Raumentwicklung muss Stadt und Land wieder mehr verbinden *(Mobilität, Infrastruktur!)*; *eine Entzerrung von Siedlungsräumen kann diese widerstandsfähiger gegen Störfälle und Notlagen machen.*
- Deutsche Städte erleben in den nächsten zehn Jahren eine „Aufrüstung" in Sachen Sicherheit. Dieser Trend ist nicht neu – *Stichworte Privatisierung/Festivalisierung/Gentrifizierung* (Häußermann et al. 2008; Steinmüller 2012) – und wird wieder zum Forschungsgegenstand (Jäger et al. 2015, 2018, 2021; Gerhold und Brandes 2021). Beispiele sind die Überwachung des öffentlichen Raums (zumindest der Innenstädte), die Ausstattung von Sicherheitsbehörden ebenso wie Maßnahmen von Unternehmen und Behörden gegen ICT-Attacken, Sabotage, Spionage. Wachsende Nachfrage ist in hochwertigen Marktsegmenten der Immobilienbranche zu erwarten – dann gehören Breitband-Netz, Wäscherei und Einkauf ebenso wie Nachtbestreifung, Kameraüberwachung und Conciergeservice zum Gesamtpaket. Eine weltweit verfolgte Entwicklungsrichtung ist die Einbettung möglichst aller städtischen Aufgaben – Verwaltung, Ordnung und Sicherheit, Ver-/Entsorgung, Verkehr, Bildung, Gesundheitswesen – in hochvernetzte ICT (Stichwort *Digitalisierung*), in der Grenzen zwischen Staat und Markt für die *Consumer/User* verschwimmen und hohe „Sicherheit" mit engmaschiger Steuerung/Überwachung gleichgesetzt wird (Shi et al. 2021).
- Derzeitige Entwicklungen in Deutschland fortgeschrieben, gerade die Verdichtung der Siedlungen bei gleichzeitigen Konzentrationsprozessen in der Immobilienbranche, wird städtische Bevölkerung künftig viergeteilt sein; neben Wohlhabenden in Bestwohnlagen gibt es Menschen in „Nischen" (Verbeamtung, Eigenheim, …), kurzzeitig Verweilende wie Geschäftsleute, Wissenschaftler(innen), Künstler(innen), Studierende und letztlich die wachsende Gruppe derer, die zu alt, arm oder krank für eigene Lebensentwürfe sind, darunter viele Zugewanderte. Heutige städtische Vielfalt ist nicht mehr mit den üblichen Trennungen von „arm"-„reich", „alt"-„jung", „rechts"-„links" oder „deutsch"-„ausländisch" zu erklären; es geht darum, ob Menschen längerfristig oder kurzzeitig dort leben (und warum), und zwar mehr oder weniger vernetzt und eher selbst- oder fremdbestimmt.

Gesellschaften im Wandel sind auch Angstgesellschaften; Angst hat die „Mittel-
schicht" durchdrungen – vor Arbeitslosigkeit, Altersarmut, Einsamkeit, Krankheit,
Klimawandel, Gewalt, … Ändern muss und wird sich viel, seien es Lebens-
entwürfe und Rollenverteilungen, Zuwanderung und Altersvorsorge. Arbeit und
Bildung. Das wirkt auf die Verhältnisse von Selbst- und Fremdbildern, auf
Glaubenssätze und Werthaltungen. Eine Gesellschaft der Vielfalt hat keine Patent-
rezepte: Noch ist nicht absehbar, welche Menschenbilder, welche Ansätze der
Stadtentwicklung sich in Deutschland und Europa bis 2050 durchsetzen werden.
Eine belastbare Balance von Mensch, Staat und Wirtschaft wäre gesellschaft-
lich wünschenswert, auch teils neue Begriffe von Wohnen, Arbeiten, Leben.
Wer Gründe hat, lange in einem Umfeld zu verweilen, wird sich für dieses
Umfeld engagieren oder im Notfall seinen Nachbarn beistehen. Das Sicherheitsgefühl ist auch davon abhängig, ob Menschen eigenständige Lebensplanung
möglich ist, ob sie sich ihrem Umfeld zugehörig fühlen. Der gesellschaftliche
Erkenntnisgewinn wirkt auch in der Wohnungswirtschaft und wird hoffentlich
dazu führen, dass Risiken und Konfliktpotentiale künftig nicht ausschließlich als
betriebswirtschaftliche Größen erscheinen.

Grundsatzfragen

- Gibt es ein Krisenkonzept einschließlich Notfallhandbuch?
- Sind die Zuständigkeiten in Stör- und Notfällen im Unternehmen eindeutig geregelt?
- Sind die Meldepflichten und Alarmierungsketten sowie die Kontaktdaten der Rettungsdienste, Aufsichtsbehörden, Versorgungsunternehmen im Tagesgeschäft bekannt/verfügbar, desgleichen die Listen der betrieblichen Ersthelfer(innen), Sicherheits- oder Brandschutzbeauftragten?
- Gibt es Pläne der Wohnanlagen und Wohnungsbestände mit Zufahrten, Sammelplätzen, Fluchtwegen, Versorgungsleitungen?
- Gibt es Notfallpläne für einzelne, branchenübliche Schadensereignisse (wie Gebäudebrand, Wasserschaden, Wassersperrung)?
- Finden regelmäßige Notfallübungen zu einzelnen, branchenüblichen Schadensereignissen statt?
- Gibt es eine normgerechte ICT-Notstromversorgung/Notfallsicherung?
- Sind die Brandschutzanlagen in der Hausverwaltung und den Beständen vorschriftsmäßig vorhanden und gewartet?
- Gibt es eine Übersicht über – regelmäßige oder fallweise – unternehmensfremde Dienstleistungen (Handwerk/Bau, ICT, Gebäudereinigung, Sicherheit, …)?
- Gibt es Richtlinien für die Beschränkung des Tagesgeschäfts auf einen sachlich und rechtlich zu leistenden Mindestumfang (Notbetrieb)?

Lagebild im Ernstfall

- Wer erstellt das Lagebild, wer schreibt es fort?

M. H. Kraus, *Notfallvorsorge für die Wohnungswirtschaft*, essentials,
https://doi.org/10.1007/978-3-658-35469-5_9

45

- Um was für ein Ereignis geht es (Störfall/Notfall)?
- Wann und wo ist das Ereignis geschehen (Ort, Zeit, Ausmaß)?
- Welche Beschäftigten des Unternehmens, welche Unternehmensbereiche sind betroffen/beteiligt?
- Welche Opfer und Schäden sind bekannt?
- Sind Rettungskräfte erforderlich oder bereits alarmiert?
- Sind sofortige/kurzfristige Maßnahmen erforderlich (Sicherung von Gebäuden, Notunterbringung, Notarbeitsplätze, …)?
- Welche Mitteilungspflichten sind zu erfüllen (Behörden, Berufsgenossenschaft, Gebäudeversicherung, Betriebsrat, …)?
- Wer macht was mit wem wozu – mit welchen Mitteln und in welcher Zeit?
- Ist das Unternehmen handlungsfähig, und wie lange (Ausfall von Fachkräften, Ausfall von Zahlungen, Verlust von Gebäuden, …)?

Die Antworten sind Grundlage einer ersten Abschätzung durch die Geschäftsleitung (Schadensumfang, Rechtsfolgen, Außenwirkung, …).

Krisenkommunikation

- Wie wird die Einheitlichkeit des Auftritts nach innen und außen im Tagesgeschäft gewährleistet, eignet sich die Verfahrensweise auch für Notfälle?
- Gibt es eine Verteilerliste (Presse, Behörden, Fachverbände) für größere Stör-/Notfälle, die das Unternehmen betreffen können?
- Gibt es eine festgelegte Reihenfolge der Benachrichtigung einschließlich der Beteiligungs- und Meldepflichten (Betroffene, Fachbehörden, Betriebsrat, Presse, …)?
- Gibt es eine Verfahrensweise zur Erstellung, Fortschreibung und Verwendung von Lagebildern (Abstimmung Geschäftsleitung – Fachbereiche, Öffentlichkeitsarbeit in größeren Unternehmen)?
- Gibt es Muster für Sprachregelungen und Pressemitteilungen (Verweis auf laufende Verfahren, Zuständigkeit der Behörden, …)?
- Wird die Berichterstattung der Presse über das Unternehmen regelmäßig anhand von Veröffentlichungen verfolgt und ausgewertet?
- Kann im Einzelfall kurzfristig eine Gesprächsrunde mit Presse und Behörden durchgeführt werden (Räumlichkeiten im Unternehmen)?
- Gibt es eine geregelte Verfahrensweise für mündliche/schriftliche Nachfragen? Gibt es Erfahrungen aus früheren Ereignissen? Gelingt es, in das Unternehmen getragenen Behauptungen/Gerüchten/Vorwürfen schnell und glaubhaft zu begegnen?

- Gibt es aussagekräftige Unterlagen (Zahlen, Bilder) über das Unternehmen für die Presse (Pressemappe)?
- Wie erscheint das Unternehmen im Netz? Ist eine Ersatzlösung für Ausfälle/Angriffe vorbereitet (Stichwort *Dark Site*)?

Checkliste für Checklisten

Checklisten sind ein nützliches Hilfsmittel für Arbeitsabläufe, die unter Zeitdruck zuverlässig in einer bestimmten Reihenfolge abgearbeitet werden müssen; sie können selbst nach einer Checkliste erstellt werden (Kraus 2021):

- Umfasst die Liste höchstens eine (!) Seite A4 oder A5 mit einer (!) gut lesbaren Schriftart (11-13p) – ohne grafische „Verschönerungen"?
- Ist die Liste übersichtlich – mit einer (!) vorrangigen Leserichtung („oben"-„unten" ist wichtiger als „links"-„rechts")?
- Ist die Liste verständlich und nachvollziehbar durch Wiedergabe der Arbeitsvorgänge in tatsächlicher Reihenfolge?
- Gibt es Fallunterscheidungen – gegebenenfalls durch Pfade, aber ohne Ermessensspielräume?
- Ist die Sprache ausgerichtet an den Zielgruppen (mehrsprachig?), dabei kurz und knapp gehalten?
- Gibt es Kästchen zum Ankreuzen oder überschaubare zweiwertige Unterscheidungen (ja/nein, ein/aus, 0/1, richtig/falsch, vorhanden/fehlt, ...)?
- Sind alle nötigen Kontaktdaten zur Hilfe bei Stör-/Notfällen enthalten?
- Wurde die Liste vor dem Einsatz mit der Zielgruppe im Arbeitsumfeld erprobt?
- Ist die Liste verbindlich als einzige Entscheidungshilfe, nicht nur ein Leitfaden von mehreren?
- Wird die Liste regelmäßig sowie jeweils nach Störfällen verbessert?

Was Sie aus diesem *essential* mitnehmen können

… dass Sach- und Rechtskenntnis ebenso wie Lebenserfahrung hilft, Notlagen zu bewältigen,

… es die eigene Stellung im Wettbewerb stärkt, wenn man auf Störungen vorbereitet ist und

… dass Denken in Zusammenhängen in jeder Lebenslage hilfreich sein kann.

© Der/die Herausgeber bzw. der/die Autor(en), exklusiv lizenziert durch Springer Fachmedien Wiesbaden GmbH, ein Teil von Springer Nature 2021
M. H. Kraus, *Notfallvorsorge für die Wohnungswirtschaft*, essentials, https://doi.org/10.1007/978-3-658-35469-5

Literatur

Abe S et al (Hrsg) (2020) Science of societal safety. Living at times of risks and disasters. Springer Nature, Singapore

Andrae ASG, Endler T (2015) On global electricity usage of communication technology. Trends to 2030. Challenges 6:117–157. https://doi.org/10.3390/challe6010117

BBK Bundesamt für Bevölkerungsschutz und Katastrophenhilfe (2010a) Neue Strategie zum Schutz der Bevölkerung in Deutschland. Bonn

BBK Bundesamt für Bevölkerungsschutz und Katastrophenhilfe (2010b) Handbuch Betriebliche Pandemieplanung. Bonn

BBK Bundesamt für Bevölkerungsschutz und Katastrophenhilfe (2013) Abschätzung der Verwundbarkeit gegenüber Hitzewellen und Starkregen. Bonn

BBK Bundesamt für Bevölkerungsschutz und Katastrophenhilfe (2018) Ratgeber für Notfallvorsorge und richtiges Handeln in Notsituationen. Bonn

BBK Bundesamt für Bevölkerungsschutz und Katastrophenhilfe (2019a) Stromausfall. Grundlagen und Methoden zur Reduzierung des Ausfallrisikos der Stromversorgung. Bonn

BBK Bundesamt für Bevölkerungsschutz und Katastrophenhilfe (2019b) Notstromversorgung in Unternehmen und Behörden. Bonn

BBK Bundesamt für Bevölkerungsschutz und Katastrophenhilfe (2019c) Stromausfall. Vorsorge und Selbsthilfe. Bonn

BBK Bundesamt für Bevölkerungsschutz und Katastrophenhilfe (2019d) Risikoanalyse im Bevölkerungsschutz. Bonn

BBSR Bundesinstitut für Bau-, Stadt- und Raumforschung (2013) ImmoRisk. Risikoabschätzung der künftigen Klimafolgen in der Immobilien- und Wohnungswirtschaft. Bundesamt für Bauwesen und Raumordnung, Bonn

BfV/BSI Bundesamt für Verfassungsschutz/Bundesamt für Sicherheit in der Informationstechnik (2016, 2017) Wirtschaftsgrundschutz. Köln, Bonn

Bieder C, Pettersen Gould K (Hrsg) (2020) The coupling of safety and security. Exploring interrelations in theory and practice. Springer Nature, Cham

Birkmann J et al (2010) State of the Art der Forschung zur Verwundbarkeit kritischer Infrastrukturen am Beispiel Strom/Stromausfall. Forschungsforum Öffentliche Sicherheit, Berlin

BMI Bundesministerium des Inneren (2005) Schutz Kritischer Infrastrukturen. Basisschutz-konzept, Berlin

BMI Bundesministerium des Inneren (2009) Nationale Strategie zum Schutz Kritischer Infrastrukturen. Berlin

BMI Bundesministerium des Inneren (2011) Schutz Kritischer Infrastrukturen – Risiko- und Krisenmanagement. Leitfaden für Unternehmen und Behörden. Berlin

BMI Bundesministerium des Inneren (2014) Leitfaden Krisenkommunikation. Berlin

BMI Bundesministerium des Inneren, für Bau und Heimat (2021) Vierter Bericht der Bundes-regierung über die Wohnungs- und Immobilienwirtschaft in Deutschland und Wohngeld- und Mietenbericht 2020. Berlin

Brühwiler B, Romeike F (2010) Praxisleitfaden Risikomanagement. Erich Schmidt, Berlin

BSI Bundesamt für Sicherheit in der Informationstechnik (2021) IT-Grundschutz-Kompendium. Bonn

Christmann G et al (2016) Die resiliente Stadt in den Bereichen Infrastrukturen und Bürgergesellschaft. Forschungsforum Öffentliche Sicherheit, Berlin

Cisco Systems (2020) Cisco annual internet report (2018–2023). San Josè

Cottin C, Döhler S (2013) Risikoanalyse. Springer, Berlin

Deilmann C et al (Hrsg) (2017) Stadt im Spannungsfeld von Kompaktheit, Effizienz und Umweltqualität. Springer, Berlin

Deutscher Bundestag (2013a, 2013b, 2014, 2016a, 2016b, 2019a, 2019b) Bericht zur Risiko-analyse im Bevölkerungsschutz 2012, 2013, 2014, 2015, 2016, 2017, 2018. Unterrichtung durch die Bundesregierung. Berlin

Deutscher Städtetag (2012) Medienkommunikation in Krisensituationen. Berlin

Diederichs M (2017) Risikomanagement und Risikocontrolling. Vahlen, München

Eick V et al (Hrsg) (2007) Kontrollierte Urbanität. transcript, Bielefeld

Eisch-Angus K (2018) Absurde Angst – Narrationen der Sicherheitsgesellschaft. Springer VS, Wiesbaden

Europäische Kommission (2010) Risk assessment and mapping guidelines for disaster management. Commission Staff Working Paper. Brüssel

Felgentreff C et al (2012) Naturereignisse und Sozialkatastrophen. Forschungsforum Öffent-liche Sicherheit, Berlin

Gerhold L et al (2019) Lebensmittelversorgung in Krisen und Katastrophen. Versorgung der Bevölkerung mit Lebensmitteln in OECD-Ländern im Falle von Großschadensereignissen. BBK, Bonn

Gerhold L, Brandes E (2021) Sociotechnical imaginaries of a secure future. Eur J Futures Res. https://doi.org/10.1186/s40309-021-00176-1

Gerhold L, Schuchardt A (Hrsg) (2021) Definition von Schutzzielen für Kritische Infrastruk-turen. BBK, Bonn

Gizewski V-T et al (2019) Schutz Kritischer Infrastrukturen Studie zur Versorgungssicherheit mit Lebensmitteln. BBK, Bonn (Erstveröffentlichung 2011)

Gleißner W (2016) Grundlagen des Risikomanagements. Vahlen, München

Goderbauer-Marchner G et al (2015) Die stark unterschätzten Risiken „Starkregen" und „Sturzfluten". BBK, Bonn

Gruebner, et al (2017) Risiko für psychische Erkrankungen in Städten. Deutsches Ärzteblatt 114(8):121–127

Gu D (2019) Exposure and vulnerability to natural disasters for world's cities. United Nations, Department of Economic and Social Affairs, New York

Güneralp B et al (2017) Global scenarios of urban density and its impacts on building energy use through 2050. Proc Natl Acad Sci 114(34):8945–8950

Günther L et al (2011) Pandemie: Wahrnehmung der gesundheitlichen Risiken durch die Bevölkerung und Konsequenzen für die Risiko- und Krisenkommunikation. Forschungsforum Öffentliche Sicherheit, Berlin

Hahn A et al (Hrsg) (2020) Grünbuch 2020 zur Öffentlichen Sicherheit. Zukunftsforum Öffentliche Sicherheit, Berlin

Hamstead ZA et al (Hrsg) (2021) Resilient Urban Futures. Springer Nature, Cham

Häußermann H et al (2008) Stadtpolitik. Suhrkamp, Frankfurt a. M.

Hempel L, Metelmann J (Hrsg) (2005) Bild – Raum – Kontrolle: Videoüberwachung als Zeichen gesellschaftlichen Wandels. Suhrkamp, Frankfurt a. M.

Im E-S et al (2017) Deadly heat waves projected in the densely populated agricultural regions of South Asia. Sci Adv 3 (8). https://doi.org/10.1126/sciadv.1603322

Jäger T et al (Hrsg) (2015, 2018, 2021) Politisches Krisenmanagement, Bd 1–3. Springer VS, Wiesbaden

Kammerer D (2008) Bilder der Überwachung. Suhrkamp, Frankfurt a. M.

Karácsonyi D et al (2021) The demography of disasters. Impacts for population and place. Springer Nature, Cham

Karutz H et al (2016) Bevölkerungsschutz. Notfallvorsorge und Krisenmanagement in Theorie und Praxis. Springer, Heidelberg

Klauser FR (2006) Die Videoüberwachung öffentlicher Räume: Zur Ambivalenz eines Instruments sozialer Kontrolle. Campus, Frankfurt a. M.

Kraus MH (2019) Streitbeilegung in der Wohnungswirtschaft. Haufe, Freiburg

Kraus MH (2021) Eins, zwei, viele. Eine Kulturgeschichte des Zählens. Springer, Berlin

Lampe KV, Knickmeier S (2018) Organisierte Kriminalität – Die aktuelle Forschung in Deutschland. Forschungsforum Öffentliche Sicherheit, Berlin

Lee W et al (2020) Projections of excess mortality related to diurnal temperature range under climate change scenarios: a multi-country modelling study. Lancet Planet Health 4:e512–e521

Lichtenberg GC (Hrsg. Promies W) (2005) Sudelbücher. Deutscher Taschenbuch Verlag, München

Lorenz DF (2010) Kritische Infrastrukturen aus Sicht der Bevölkerung. Forschungsforum Öffentliche Sicherheit, Berlin

Marschner H (2017) Große deutsche Wohnungsunternehmen im Stresstest. Quantitative Analyse der Krisensensitivität und Ansätze zur Förderung von Resilienz. Westfälische Wilhelms-Universität, Münster

Mechler R et al (2019) Loss and damage from climate change. Concepts, methods, and policy options. Springer Nature, Cham

Nelson M et al (2016) Climate challenges, vulnerabilities, and food security. Proc Natl Acad Sci 113(2):298–303

Obradovich N et al (2018) Effects of environmental stressors on daily governance. Proc Natl Acad Sci 115(35):8710–8715

Otto IM et al (2019) Social tipping dynamics for stabilizing Earth's climate by 2050. Proc Natl Acad Sci. https://doi.org/10.1073/pnas.1900577117

Puschke J, Singelnstein T (Hrsg) (2018) Der Staat und die Sicherheitsgesellschaft. Springer VS, Wiesbaden

Rausand M, Haugen S (2020) Risk assessment. Theory, methods, and applications. Wiley, Hoboken

Reichenbach G et al (2008) Grünbuch Risiken und Herausforderungen für die öffentliche Sicherheit in Deutschland. Zukunftsforum Öffentliche Sicherheit, Berlin

Reinsel D et al (2018) DataAge 2025. The digitization of the world. From edge to core. International Data Corporation IDC, Framingham

RKI Robert Koch Institut (2017) Nationaler Pandemieplan. Teil 1. Strukturen und Maßnahmen/Teil 2. Wissenschaftliche Grundlagen. Berlin (Erstveröffentlichung 2016)

Romeike F, Hager P (2020) Erfolgsfaktor Risikomanagement 4.0. Springer Gabler, Wiesbaden

Roskamm N (2011) Dichte. transcript, Bielefeld

Schulz D et al (2018) Autarke Notstromversorgung der Bevölkerung unterhalb der KRITIS-Schwelle. BBK, Bonn

Sherwood SC, Huber M (2010) An adaptability limit to climate change due to heat stress. Proc Natl Acad Sci 107(21):9552–9555

Shi W et al (Hrsg) (2021) Urban Informatics. Springer Nature, Singapore

Steinmüller K et al (Hrsg) (2012) Sicherheit 2025. Forschungsforum Öffentliche Sicherheit, Berlin

Steinmüller K, Gerhold L (2021) Existentielle Gefahren für die Menschheit als Gegenstand für die Zukunftsforschung. Zeitschrift für Zukunftsforschung 1 (1). urn:nbn:de:0009-32-52727

Trauboth JH (2016) Krisenmanagement in Unternehmen und öffentlichen Einrichtungen. Richard Boorberg, Stuttgart

UBA Umweltbundesamt (2019) Monitoringbericht 2019 zur Deutschen Anpassungsstrategie an den Klimawandel. Dessau

Uhlenhaut C (2011) Pandemie, Endemie und lokaler Ausbruch. Forschungsforum Öffentliche Sicherheit, Berlin

UN/DESA United Nations, Department of Economic and Social Affairs (2018) The world's cities in 2018. Data Booklet, New York

UN/DESA United Nations, Department of Economic and Social Affairs (2019) World Population Prospects 2019. New York

Vicedo-Cabrera AM et al (2021) The burden of heat-related mortality attributable to recent human-induced climate change. Nat Clim Chang. https://doi.org/10.1038/s41558-021-01058-x

Vollset SE et al (2020) Fertility, mortality, migration, and population scenarios for 195 countries and territories from 2017 to 2100: a forecasting analysis for the Global Burden of Disease Study. Lancet 396:1285–1306

Vose D (2008) Risk analysis. A quantitative guide. Wiley, Hoboken

Walus A (2012) Katastrophenorganisationsrecht. BBK, Bonn

Wolke T (2015) Risikomanagement. De Gruyter Oldenbourg, Berlin

World Bank Group (2015) City strength. Resilient cities program. Methodological Guidebook, Washington

Xu C et al (2019) Future of the human climate niche. Proc Natl Acad Sci. https://doi.org/10.1073/pnas.1910114117

Zammit S et al (2010) Individuals, schools, and neighbourhood. A multilevel longitudinal study of variation in incidence of psychotic disorders. Arch Gen Psychiatr 67(9):914–922

Zhao Q et al (2021) Global, regional, and national burden of mortality associated with non-optimal ambient temperatures from 2000 to 2019: a three-stage modelling study. Lancet Planet Health 5:e415–e425

Adressen

Allianz für Sicherheit in der Wirtschaft (Netzwerk der Wirtschaft), Bayerischer Platz 6, 10779 Berlin (Schöneberg). www.asw-online.de

Bundesamt für Bauwesen und Raumordnung, Deichmanns Aue 31-37, 53179 Bonn. www.bbr.bund.de

Bundesamt für Bevölkerungsschutz und Katastrophenhilfe, Provinzialstraße 93, 53127 Bonn. www.bbk.bund.de

Bundesamt für Sicherheit in der Informationstechnik, Godesberger Allee 185–189, 53175 Bonn. www.bsi.bund.de

Deutsches Institut für Bautechnik, Kolonnenstraße 30 B, 10829 Berlin (Schöneberg), (Übersicht über Baustoffzulassungen, Einordnung von Gebieten in Wind-/Schneelastzonen). www.dibt.de

Deutsches Klimavorsorgeportal, Bundesministerium für Umwelt, Naturschutz und nukleare Sicherheit, Robert-Schumann-Platz 3, 53048 Bonn. www.klivoportal.de

Forschungsforum Öffentliche Sicherheit (Forschungsverbund), Freie Universität Berlin, Carl-Heinrich-Becker-Weg 6-10, 12165 Berlin (Steglitz). www.sicherheit-forschung.de

Geoforschungszentrum Potsdam (Einordnung von Gebieten in Erdbebenzonen), Helmholtz-Zentrum Potsdam, Helmholtzstraße 6/7, 14467 Potsdam. www.gfz-potsdam.de

Gesamtverband der Deutschen Versicherungswirtschaft (Informationssystem), Wilhelmstraße 43, 10117 Berlin (Mitte). www.naturgefahren-check.de

GIS ImmoRisk (Informationssystem), Bundesinstitut für Bau-, Stadt- und Raumforschung im Bundesamt für Bauwesen und Raumordnung. www.gisimmorisknaturgefahren.de

Hochwasserwarnung: Global Flood Awareness System, www.globalfloods.eu, European Flood Awareness System, www.efas.eu, Hochwasserportal Deutschland, www.hochwasserzentralen.de

International Journal of Disaster Risk Science (Fachzeitschrift). www.springer.com/journal/13753

International Journal of Disaster Risk Reduction (Fachzeitschrift). www.journals.elsevier.com/international-journal-of-disaster-risk-reduction

Journal of Infrastructure Preservation and Resilience (Fachzeitschrift). http://jipr.springeropen.com

KATWARN (Warn- und Meldeportal), Fraunhofer-Gesellschaft zur Förderung der angewandten Forschung, Hansastraße 27 C, 80686 München. www.katwarn.de

RiskNET (Netzwerk der Wirtschaft), Ganghoferstraße 43 A, 83098 Brannenburg, www.risknet.de

Sicherheitsforum, Bundesministerium für Wirtschaft und Energie, Scharnhorststraße 34-37, 10115 Berlin (Mitte). www.bmwa-sicherheitsforum.de

Technisches Hilfswerk (Bundesanstalt), Provinzialstraße 93, 53127 Bonn. www.thw.de

Umweltbundesamt, Wörlitzer Platz 1, 06844 Dessau-Roßlau. www.umweltbundesamt.de
WEF World Economic Forum (2020, 2021) Global Risks Report. Geneva

Printed in the United States
by Baker & Taylor Publisher Services